OCTAVIO NAKANO

ARMADILHAS PARA INSETOS

Biblioteca de Ciências Agrárias Luiz de Queiroz
Volume 7

OCTAVIO NAKANO

ARMADILHAS PARA INSETOS

PRAGAS AGRÍCOLAS E DOMÉSTICAS

FEALQ

BIBLIOTECA DE CIÊNCIAS AGRÁRIAS LUIZ DE QUEIROZ
Volume 7

Av. Centenário, 1080
13416-000 Piracicaba, SP, Brasil

Fone: 19-3417-6600
Fax: 19-3422-2755

livros@fealq.org.br
fealq.org.br

Dados Internacionais de Catalogação na Publicação (CIP)
DIVISÃO DE BIBLIOTECA E DOCUMENTAÇÃO – Esalq/USP

Nakano, Octavio
Armadilhas para insetos / Octavio Nakano. -- 2. ed. -- Piracicaba: FEALQ, 2010.

80 p. : il. (Biblioteca de Ciências Agrárias Luiz de Queiroz, v. 7)

Bibliografia.

1. Entomologia agrícola 2. Insetos 3. Pragas de plantas I. Título

CDD 632.7
N163a2

ISBN 978-85-7133-071-9

SUMÁRIO

1

Introdução

Inúmeras são as armadilhas empregadas na captura de insetos ou artrópodes. Entretanto, as recomendações para uso de tais armadilhas ou mesmo as descrições de seu funcionamento encontram-se dispersas em publicações.

Para melhor aproveitamento dessas armadilhas, mostrou-se necessário reuni-las em um manual, a fim de difundir e facilitar seu uso.

O autor desta obra procurou manter-se fiel às descrições, para evitar que as ideias pudessem ser atribuídas a ele. Entretanto, em alguns casos, houve a necessidade de pequenas adaptações. A experiência adquirida ao longo dos anos, no trabalho com insetos e estudando seu comportamento, bem como seu controle por meio do uso dos inseticidas modernos, tornou evidente a necessidade de algumas alterações para maior eficiência das armadilhas.

DEFINIÇÃO

Uma armadilha pode ser definida como um processo mecânico, físico ou químico que captura um organismo – neste caso, o inseto indesejado. Para fins de controle ou monitoramento de populações de pragas, o uso de armadilhas com dispositivo de atração é uma opção prática. Para fins de estudo da sistemática de determinado inseto, a armadilha pode dispor de atrativos, ou a captura pode ser direta, por meio de rede ou objeto similar.

CONSTITUIÇÃO

As armadilhas são constituídas de dois dispositivos básicos intimamente associados: o de atração e o de captura. Um dispositivo de proteção contra as intempéries ou contra outros animais também deve compor as armadilhas quando estas são colocadas no campo, sujeitas a chuvas, ventos ou mesmo a insetos ou animais não desejados.

DISPOSITIVO DE ATRAÇÃO

Inúmeras são as fontes de atração de insetos. As mais usadas são as fontes de luz de determinados comprimentos de onda, substâncias alimentares extraídas de vegetais ou animais e também os feromônios sexuais ou de agregação, naturais ou sintéticos.

DISPOSITIVO DE CAPTURA

Quanto ao processo de captura, existem dispositivos que simplesmente aprisionam os insetos e aqueles que matam por eletrocussão, envenenamento ou afogamento.

PROJETO DE ARMADILHA

Quando se deseja projetar uma armadilha para determinado inseto, antes de mais nada, deve-se recorrer à literatura, para obter o maior número possível de informações sobre seu comportamento. No entanto, às vezes não há informações sobre a espécie que desejamos. Torna-se então necessário buscar informações sobre o gênero, a família ou mesmo sobre a ordem, quando não se conhece a posição taxonômica do inseto. Quanto mais informações forem obtidas, maiores chances de êxito terá a armadilha.

Não se pode deixar de enfatizar que, ao se projetar uma armadilha para inseto, deve-se manter equilibrada a relação custo/benefício. Entretanto, em alguns casos, essa relação é desprezada, por ser a armadilha o meio mais prático de capturar o inseto-alvo.

2

Classificação de armadilhas

As armadilhas podem ser classificadas segundo sua finalidade, seu mecanismo de funcionamento e atração, de acordo com a exigência do operador ou, ainda, com o tipo de inseto que captura.

Segundo Silveira Neto & Parra (1982), as armadilhas utilizadas para capturar insetos podem ser classificadas nos seguintes tipos:

APARELHOS QUE EXIGEM A PRESENÇA DO OPERADOR

Rede – Cone de tecido filó que mede 80 cm de comprimento por 30 cm de diâmetro.

Pano de amostragem – Pano branco que mede 1 m por 0,70 m, com as laterais presas a cabos de madeira que permitem enrolar e desenrolar o tecido. É de uso frequente em amostragens de pragas de soja.

Aspirador de tubo – É um tipo de aspirador de pó adaptado, com bocal especial para a captura de insetos.

Sucção costal D-Vac e As-Esalq – Tem o mesmo princípio de funcionamento, mas é portátil.

Choque de inseticida – Estende-se um lençol branco sob a copa de árvore e pulveriza-se inseticida. Os insetos mortos ou intoxicados caem no lençol e assim podem ser contados e coletados.

APARELHOS SEM ATRAENTE E QUE NÃO EXIGEM A PRESENÇA DO OPERADOR

Sucção estacionária de Johnson-Taylor e Virologia-IAC – Trata-se de um aparelho que produz um vácuo que suga os insetos que passam sobre ele a determinada distância.

Malaise – É uma estrutura que captura insetos voadores. Ao tentarem voar, eles ficam presos em uma gaiola e não conseguem mais sair desse local.

Janela – É uma estrutura de madeira com uma superfície de vidro contra a qual os insetos se chocam e caem.

Alçapão – Nada mais é do que um recipiente enterrado, de modo que a abertura fique no nível do solo. Os insetos que caminham sobre o solo acabam caindo no alçapão quando o encontram em sua trajetória.

Funil de Berlese – É usado para capturar ácaros e pequenos artrópodes do solo ou que habitam em matéria orgânica ou cascas de árvores. O substrato é posto sobre uma peneira ajustada dentro de um cone metálico ou funil. Uma lâmpada incandescente aquece o material, que perde umidade em um gradiente de cima para baixo, a fim de forçar os organismos a buscar umidade, o que faz com que eles caiam pelos furos da peneira e atinjam o recipiente, que contém álcool a 70%.

APARELHOS COM ATRAENTE E QUE NÃO EXIGEM A PRESENÇA DO OPERADOR

Armadilhas adesivas coloridas – Capturam os insetos colando-os.

Bandejas d'água – São coloridas e atraem os insetos, que caem na água com sabão e morrem por afogamento.

Armadilhas luminosas

– Por eletrocussão (Fulminsect)

– Por captura (Luiz de Queiroz e Intral)

Isca

Frasco caça-mosca

Armadilhas contendo feromônio sexual – sintético e natural (fêmeas virgens)

Os quatro últimos modelos de armadilhas – luminosas, isca, frasco caça-mosca e de feromônio – serão analisados posteriormente, em diferentes capítulos desta obra.

Podemos ainda classificar as armadilhas de outras formas, como já foi dito. Apresentamos a seguir outras classificações de cunho didático, para explorar cada tipo de armadilha.

CLASSIFICAÇÃO SEGUNDO A FINALIDADE

Quando se deseja capturar o inseto com todas as suas características intactas, o cuidado deve ser maior. Torna-se necessário matá-lo o quanto antes, para evitar que se desfigure. Se o inseto precisa ser mantido vivo para eventual criação, deve-se aprisioná-lo em ambiente escuro, para que permaneça calmo. Se a finalidade é o controle ou o monitoramento, então não interessa a sua conservação.

Armadilhas para monitoramento de população de pragas – São aquelas usadas para se ter noção do tamanho da população que existe no campo.

Armadilhas para controlar diretamente a população de pragas – São as que possibilitam alto índice de captura, com a finalidade de diminuir drasticamente a população.

Armadilhas para captura visando estudos taxonômicos – São armadilhas normalmente de custo mais elevado, em geral empregadas na captura de insetos difíceis de coletar pelos métodos convencionais.

CLASSIFICAÇÃO QUANTO AO MECANISMO DE ATRAÇÃO

Armadilhas de atração por cor – Baseiam-se no princípio de uma cor atrair determinada espécie de inseto. Um exemplo clássico é o uso de bandejas d'água com fundo colorido para capturar moscas-brancas (*Bemisia tabaci*), moscas-minadoras (*Liriomyza* sp.) e pulgões, de modo geral, com o uso da cor amarela.

Armadilhas de atração por substâncias alimentares – Substâncias açucaradas ou formulações especiais podem ser utilizadas para atrair os insetos e controlá-los. Moscas-das-frutas, mariposas, gafanhotos, saúvas e insetos de solo, como grilos, paquinhas e lagarta-rosca, são eficientemente controlados com o uso dessa técnica.

Plantas-armadilhas – Plantas ou porções de plantas, denominadas de plantas-iscas ou plantas-armadilhas, podem ser usadas para atrair os insetos pelo mesmo princípio da atração por substâncias alimentares. As plantas-armadilhas podem ser alternadas com a cultura, no espaço ou no tempo.

O primeiro caso é usado para culturas perenes ou anuais. A planta-isca é inserida a espaçamentos regulares dentro da área. Como exemplo, tem-se o uso de:

- maria-preta para atração de coleobrocas-dos-citros;
- pedaços de cana para controle de gorgulhos-da-cana;
- pedaços de estipe de coqueiro para controle da broca-do-coqueiro;
- pedaços de pseudocaule de banana para controlar o moleque-da-bananeira;
- taiuiá para controle de vaquinhas.

O segundo caso, também chamado cultura-isca, é usado para culturas anuais ou hortícolas. A planta-isca é semeada antecipadamente à cultura definitiva e os insetos são exterminados antes do plantio definitivo. Como exemplo, tem-se o algodoeiro plantado com trinta dias de antecedência para controlar a broca-da-raiz, o bicudo e a lagarta-rosada.

Armadilhas sonoras – Usam as ondas sonoras para atrair e capturar insetos. Gallo et al. (1978) mostraram que ondas sonoras com frequência de 39.000 hertz provocam a mortalidade total do gorgulho-do-arroz, *Sitophilus oryzae*, em grãos armazenados. O som pode ser empregado como atraente, como tem sido usado para o controle de pernilongos. Devido à imitação do som das fêmeas em voo, os machos são atraídos em grandes quantidades. Pode ainda haver a repelência sonora, técnica que foi usada nos Estados Unidos para proteger a cultura do milho de *Ostrinia nubilalis*. Com emissão de ultrassons por alto-falantes distribuídos na cultura, foi possível imitar o som de morcegos insetívoros que afugentam mariposas; entretanto, o raio de ação inadequado não viabilizou sua utilização.

Armadilhas luminosas – Como o próprio nome diz, são aparelhos que usam um ou vários espectros de luz para atrair determinado inseto. Os insetos que não são atraídos pela luz são chamados fototrópicos negativos. Existem também espécies que têm reações variadas à luz em fases distintas de seu desenvolvimento, como é o caso da mosca-doméstica: suas larvas são fototrópicas negativas e os adultos são fototrópicos positivos, ou seja, são atraídos pela luz; no entanto, a maior parte dos insetos-pragas são fototrópicos positivos. As mariposas são um bom exemplo. De modo geral, esses insetos podem ser monitorados ou até controlados por esse tipo de armadilha. Contudo, cada tipo de inseto é atraído por um tipo diferente de luz, ou seja, luzes com diferentes comprimentos de onda. A maioria das moscas e mariposas são atraídas por comprimentos de onda na faixa dos 300 a 390 nm, o que compreende a faixa das luzes ultravioleta, as quais recebem a denominação clássica, em inglês, BL (*black light* – luz negra) ou BLB (*black light blue* – luz negra azulada). As lâmpadas fluorescentes são as mais eficientes emissoras de luz monocromática, e a radiação varia de acordo com o material utilizado no revestimento da parede interna do tubo de vidro. Assim, é possível a obtenção de luz monocromática de comprimento de onda específico, inclusive na faixa de ultravioleta, com a substituição do revestimento interno durante a fabricação (Silveira Neto & Matioli, 1988). No entanto, há insetos que preferem outros tipos de luz, como a amarela. Segundo esses autores, as lâmpadas mais usadas são as fluorescentes de 15 W do tipo BL ou BLB.

São apresentados nesta obra três tipos básicos de armadilhas luminosas. As lâmpadas, no entanto, não servem apenas para atrair insetos; podem também espantá-los, como a lâmpada amarela da GE [Figura 1, Figura 2 (modelo "Luiz de Queiroz"), Figura 3 e Figura 25 (na página 50: modelo ambulante que utiliza lampião comum ou a gás)].

Matioli (1986) afirma que, além dos fatores ligados exclusivamente às armadilhas luminosas, existem outros que interferem na captura de insetos e podem determinar seu êxito ou fracasso. São eles:

- temperatura: os insetos vivem a partir de uma temperatura mínima que lhes permite essa atividade;

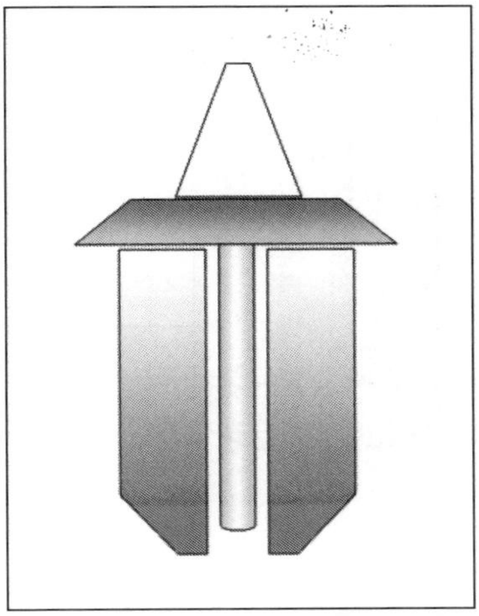

Figura 1. Armadilha luminosa com lâmpada fria.

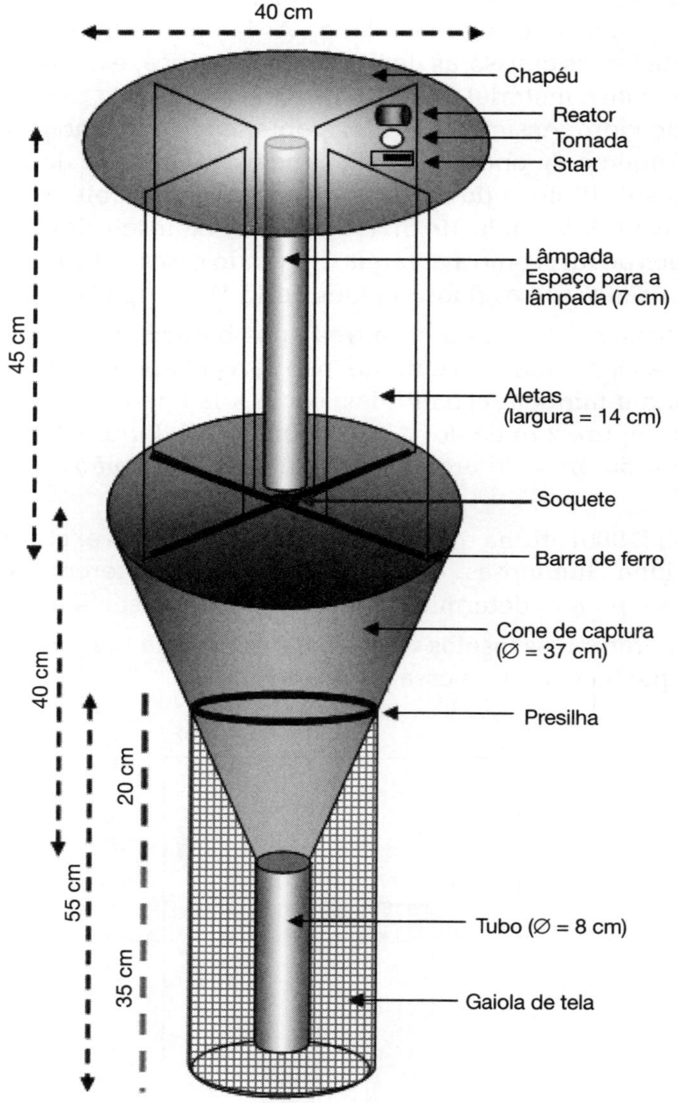

Figura 2. Armadilha luminosa modelo "Luiz de Queiroz".

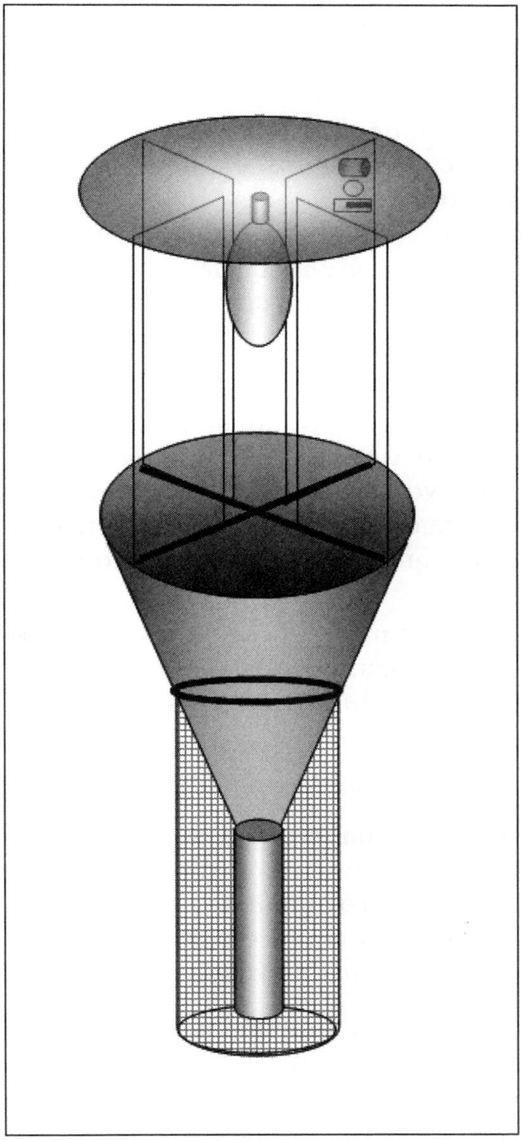

Figura 3. Armadilha luminosa com lâmpada incandescente.

- chuvas: prejudicam ou impedem o voo;
- neblina: quando é densa e atinge o solo abaixo da linha de voo, a captura aumenta, porque ela difunde a luz da armadilha, ampliando a efetividade da fonte; porém, quando a neblina se estende acima da linha de voo, a captura diminui, porque a visibilidade da luz pelos insetos torna-se menor;
- luar: as armadilhas atraem as mariposas que voam no seu plano ou abaixo dele; porém, quando estiverem voando acima desse plano, serão atraídas pela lua e escaparão;
- altura de voo: em geral, a faixa mais adequada é de 1,20 m a 3,50 m; no caso de frutíferas, ela deve se posicionada tangenciando as árvores;
- periodicidade de voo: em geral, observa-se que o maior número de insetos é coletado no período das 18 às 22 horas, e as menores capturas ocorrem no período de 0 a 6 horas (devido à diminuição da temperatura).

Armadilhas que utilizam feromônio – Feromônios são substâncias químicas pertencentes ao grupo dos semioquímicos. Atuam entre os insetos de mesma espécie e transmitem uma mensagem que induz uma resposta que é verificada pela alteração no comportamento do inseto. Os semioquímicos compreendem também outras substâncias, denominadas aleloquímicos, as quais agem entre indivíduos de espécies diferentes.

Os feromônios podem ser de agregação, alarme, dispersão ou sexual. Dentre estes, apenas o sexual e o de agregação podem ser usados para controlar as pragas, porque são os únicos que atraem os insetos.

Existem dois tipos básicos de armadilhas com feromônio:

Armadilhas que utilizam feromônios para confusão dos machos – São as que evitam que diferentes sexos se encontrem para o acasalamento. Pode ser utilizado o *grandlure* para o controle do bicudo-do-algodoeiro (*Anthonomus grandis*) e o *gossiplure* para o controle da lagarta-rosada (*Pectinophora gossypiella*).

Armadilhas que utilizam feromônios para aniquilação de machos – Podem-se usar machos ou fêmeas virgens. Normalmente usam-se fêmeas virgens de insetos para atrair e coletar a maior parte da população de machos de uma área e, assim, impedir o acasalamento natural.

3

Armadilhas para pragas de culturas

Neste capítulo são comentadas as armadilhas com maior potencial de eficiência para estudo, controle ou monitoramento de pragas agrícolas.

1. ARMADILHAS PARA BESOUROS (COLEÓPTEROS)

A ordem Coleoptera compreende inúmeras espécies de importância agrícola. Existem espécies que atacam a mesma cultura, tanto na fase adulta como na larval, como é o caso de *Diabrotica speciosa* em cultura de batatinha. Entretanto, os adultos podem se alimentar das folhas de determinada cultura e ovipositar no solo de outra cultura, devido a condições mais favoráveis. Nesse grupo de insetos estão incluídas as coleobrocas, cujos adultos não causam danos, pois preferem frutos maduros ou o néctar de flores, ao passo que as larvas brocam os ramos e troncos de árvores, causando estragos que podem até mesmo matá-las.

Esses insetos podem ser atraídos de várias maneiras, seja pela luz, pela cor, pelo alimento, pelo álcool, seja por feromônio.

BICUDO-DO-ALGODOEIRO (*Anthonomus grandis*)

Diferentes tipos de armadilhas com feromônio têm sido desenvolvidos, dentre os quais se destacam os modelos Leeget, Field, Hardee e Hercon (Legget & Cross, 1971; Mitchell & Hardee, 1874; Diekson et al., 1981). Também diversas formulações do feromônio sintético *grandlure* vêm sendo testadas, com vistas a obter maior eficiência do feromônio em condições de campo, com menor custo. Desde a constatação do bicudo-do-algodoeiro no Brasil em 1983 (Braga Sobrinho & Lukefahr), as armadilhas com feromônio vêm se tornando um instrumento de extrema importância para a detecção e o monitoramento de populações de *A. grandis* nas áreas algodoeiras das regiões Sudeste e Nordeste do Brasil.

Aquino et al. (1986) realizaram vários ensaios, no Centro de Pesquisas de Algodão da Embrapa (Campina Grande, PB), para testar os seguintes fatores que afetam a eficiência de armadilhas de feromônios na captura do bicudo:

- idade da armadilha: esses autores observaram que a idade da armadilha não influenciou seu desempenho;
- inseticida: foi fundamental para impedir a fuga dos bicudos do interior do bulbo de captura da armadilha;
- período do dia de avaliação: entre 9 e 12 horas foi capturado 65% do total de bicudos coletados por dia.

Os autores notaram ainda que:

- a armadilha modelo Hardee captura mais fêmeas do que machos e coleta também outros insetos das ordens Diptera, Homoptera, Coleoptera, Himenoptera, Lepidoptera e Hemiptera;
- a armadilha citada coleta mais adultos no período diurno;
- deve-se limpar periodicamente as armadilhas e retirar teias de aranhas, as quais obstruem a passagem dos insetos para o interior da câmara de captura.

▶ Tubo mata-bicudo

A armadilha é feita com um tubo de papelão biodegradável de cor amarela, que funciona como atrativo para o bicudo. O papelão é impregnado com óleo de algodão e defensivo seletivo.

Nakano (1991) recomenda que, antes da cultura definitiva, use-se a técnica da planta-isca, ou seja, plantar algodão em faixa de 10 m nas bordaduras do local de plantio, visando atrair e eliminar os adultos de bicudo. Lloyd (1986) afirma que os bicudos vêm da área de refúgio e chegam à cultura antes do surgimento dos botões florais. Com base nesse fato, recomenda que, vinte dias após o plantio definitivo, os tubos sejam colocados entre a área de refúgio e a cultura de algodão e as armadilhas sejam dispostas com distância de 30 m uma da outra.

▶ Armadilha de feromônio associada ao fungo *Beauveria bassiana* para controle do bicudo

Keller et al. (1965) descobriram que os machos liberam um feromônio sexual. Hardee et al. (1969) evidenciaram que a mesma substância age como feromônio de agregação no início e no fim do período de cultivo. Mitchel et al. (1976), citados por Aquino et al. (1986), afirmam que, antes da formação dos botões florais, as armadilhas de feromônio capturam mais machos do que fêmeas; durante o período de frutificação, capturam muito mais fêmeas do que machos; e, na época da maturação, quando a população do inseto é grande, os substratos para alimentação e oviposição tornam-se escassos e os adultos de *A. grandis* migram de um campo para outro, mais machos do que fêmeas são capturados. De Grande (1991) mostrou que o feromônio é composto por quatro substâncias, em proporções equilibradas. Lloyd et al. (1986) verificaram que o feromônio agrega machos e fêmeas, e hoje se sabe que a atração de outros machos é devida ao fato de os machos mais velhos, que já não produzem feromônio, serem atraídos para perto dos machos que os produzem, para se acasalar com as fêmeas que se aproximam.

O Instituto de Pesquisa do Algodão (IPA) realizou ensaios em algodão perene utilizando armadilhas de feromônio. Em sua câmara de captura foram colocados 5 g de cultura fúngica de *B. bassiana* em substrato de arroz, com a finalidade de contaminar os insetos, os quais, voltando ao campo, disseminam o entomopatógeno (Figura 4).

"CASCUDINHOS" DA CULTURA DE ARROZ

Os cascudinhos são besouros da família Scarabeidae que atacam a cultura de arroz e podem ainda danificar culturas de hortaliças e de cana-de-açúcar. Os principais gêneros são *Eutheola* e *Dyscinetus*, cujas espécies preferem solos úmidos nos quais as fêmeas põem ovos. O período larval é bastante longo, com uma média de 18 meses, durante os quais causam danos às raízes. Ao atingirem o completo desenvolvimento, as larvas podem medir até 50 mm, quando então formam pupas em uma cavidade subterrânea, onde permanecem por cerca de 15 dias. Passada essa fase, emergem as formas adultas, que medem cerca de 30 mm e também causam danos.

▶ Armadilha

Trata-se de uma armadilha luminosa. O mecanismo de funcionamento é simples: em volta da fonte de luz, que pode ser um lampião,

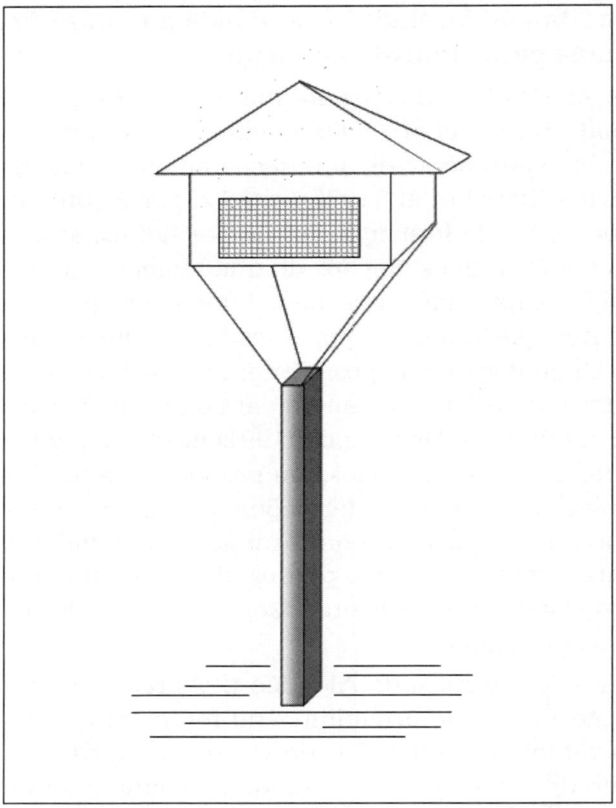

Figura 4. Armadilha de feromônio para bicudo.

coloca-se uma bacia contendo água + inseticida; pode-se usar somente água com sabão em pó a 0,5%. Os insetos são atraídos pela luz, batem no vidro e caem no líquido, onde morrem (Figura 5).

Materiais sugeridos para a construção:

– suporte de madeira de 1,50 m;

– bacia de qualquer material com cerca de 60 cm de diâmetro;

– lampião;

– sabão em pó;

– água;

– lampião;

– bandeja com água e sabão;

– suporte.

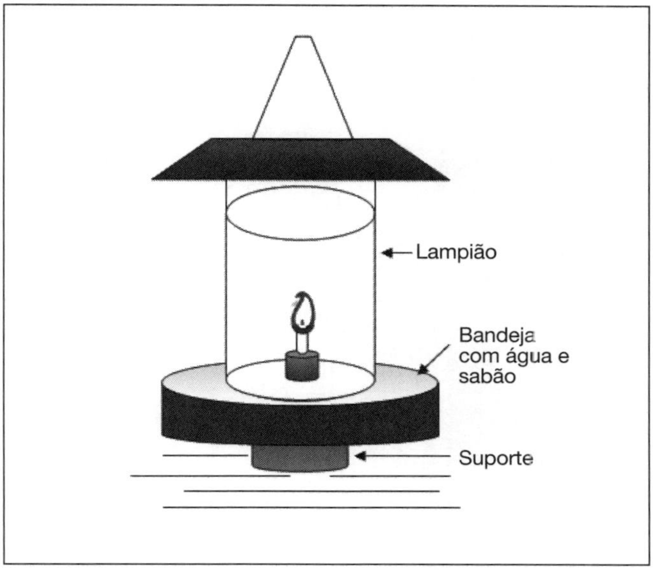

Figura 5. Armadilha luminosa para cascudinho-do-arroz.

CIGARRAS-DO-CAFEEIRO

A partir do modelo idealizado pelo professor Tomomassa Matuo (Unesp – Jaboticabal), que conseguiu simular e gravar o som emitido pelas cigarras machos, podem-se confeccionar armadilhas ou adquiri-las desse autor.

Na ausência de um gravador, pode-se adquirir o CD do som gravado ou utilizar o próprio macho, capturando-o quando emite som, sempre pousado no tronco ou no ramo de árvores.

O exemplar capturado deve ser aprisionado em pequena jaula cilíndrica, telada nos dois lados (cano plástico de 2" de 10 cm de comprimento). A tela pode ser de tule, presa com elástico para facilitar a colocação dos insetos (dois machos por gaiola). Em seguida, deve-se depositar ao lado a gaiola sobre uma tábua pintada ou plastificada em amarelo, para melhor atração das cigarras fêmeas. Sobre essa cor, untar *stick* ou cola própria para insetos. Ao ouvirem o som, e atraídas pela cor amarela, que também é atrativa, as fêmeas pousam na superfície e ficam presas nela.

A vantagem de colocar o inseto vivo para atração é que cada espécie emite um som peculiar, atraindo a fêmea da mesma espécie ou a espécie que se deseja capturar (ver Figura 6).

Figura 6. Armadilha para cigarra-do-cafeeiro (som acoplado ao adesivo).

Pode-se também adquirir o kit fabricado pelo professor Tomomassa. Trata-se de um sistema mais sofisticado, envolvendo pulverizações para eliminar as fêmeas que se aproximam do som gravado.

CIGARRINHAS-DO-FEIJOEIRO OU PLANTAS DE ASPECTO SIMILAR

Consiste de uma tábua de 2 m ou mais de comprimento por 0,30 m de largura. Deve ser fina, para não pesar muito. Pode-se pintá-la de amarelo ou plastificá-la de amarelo para atrair as cigarrinhas. Além de uma alça para pendurá-la no pescoço, deve-se untá-la com óleo SAE 140 para reter as cigarrinhas que pousam nessa superfície. Na frente da tábua, a cerca de 0,30 cm, deve-se colocar uma ripa presa a dois braços, a fim de permitir que vá rolando sobre o topo das plantas, afugentando as cigarrinhas que, ao voarem, veem a cor e assentam nela (Figura 7.) Essa tábua pode ser adaptada ao trator, fixando-a na frente dele, com velocidade moderada.

Figura 7. Armadilha de cor adesiva para cigarrinha-do-feijoeiro.

BROCA-DA-BANANEIRA (*Cosmopolites sordidus*)

Essa é, atualmente, a principal praga da bananicultura brasileira. Pode ser controlada com a seleção de mudas sadias e com a remoção de raízes e terras presas ao rizoma. No entanto, quando o bananal já está estabelecido, uma boa forma de controle é o uso de iscas.

▶ Armadilha

As armadilhas nada mais são do que pedaços de pseudocaule ou "tronco" da bananeira dispostos sobre o solo do bananal. São classificadas segundo o seu formato (Figura 8):

Armadilha tipo "telha" – Corta-se um pedaço de 50 cm da bananeira que já deu cacho. Esse pedaço cilíndrico deve ser cortado no sentido do comprimento. No bananal, devem-se distribuir os pedaços com a face cortada voltada para o solo. Não é necessária a impregnação com inseticidas se as iscas são renovadas a cada 15 dias, quando se coletam e matam os adultos da broca.

Armadilha tipo "sanduíche" – Corta-se o pseudocaule das plantas que já produziram em fatias de 15 cm. Juntam-se as fatias, uma sobre a outra, distribuindo-as pelo bananal.

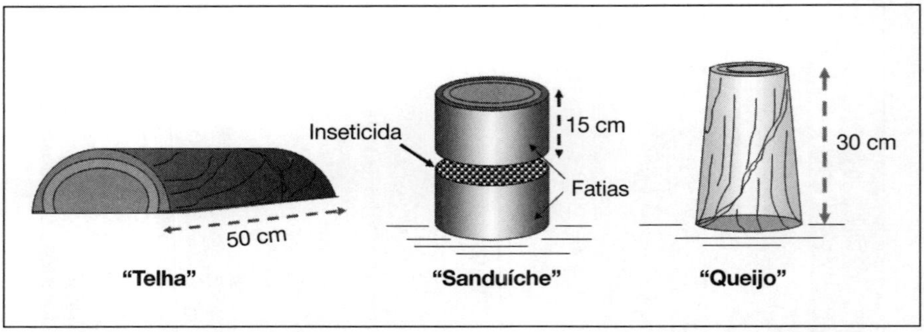

Figura 8. Iscas de pseudocaule de bananeira tipo queijo, sanduíche e telha para controle de moleque-da-bananeira.

Pode-se utilizar o controle químico com as armadilhas. Para isso, pulveriza-se sobre a face cortada o inseticida Monocrotofós, na dosagem de 150 ml para 100 litros de água, utilizando de 40 a 80 iscas por hectare.

Isca tipo "queijo" – Corta-se horizontalmente o pseudocaule logo após a colheita, a 30 cm de altura. No caso de controle químico, recomenda-se colocar 5 g de Carbofuran granulado a 5% e cobrir com um pedaço de 20 cm a parte do pseudocaule que recebeu o inseticida.

O controle por meio de iscas, além de eficiente e econômico, reduz os gastos com inseticidas na lavoura e propicia menor contaminação do homem e do ambiente.

GORGULHOS-DA-CANA-DE-AÇÚCAR

Os gorgulhos são besouros da família Curculionidae. Dentre as espécies mais importantes para a cultura da cana, destacam-se o *Sphenophorus levis* (Vauriê, 1987) e o *Metamasius hemipterus* (L., 1765). A primeira espécie ataca os tecidos do rizoma da cana-de-açúcar; a segunda é uma praga secundária, pois só ataca rizomas e colmos previamente danificados.

O ataque de *M. hemipterus* se dá devido à presença de algum dano anterior, como perfurações da broca-da-cana, cortes por ferramentas, rachaduras devido a acamamento etc. *S. levis*, no entanto, atinge a cana sadia abaixo do nível do solo, nos rizomas; inicialmente abre galerias circulares e periféricas, o que provoca o posterior secamento das folhas e a morte dos perfilhos; esse sintoma é facilmente confundido com o secamento natural, devido a ferimentos ou ainda à fitotoxicidade por herbicidas.

Em algumas lavouras, já foram encontrados níveis de 50 a 60% de perfilhos atacados, o que provocou uma queda de produção de 20 a 30 toneladas por hectare.

No caso de áreas de cana-planta ou socas que serão reformadas, devem ser usadas armadilhas para desviar os adultos das canas.

A espécie *M. hemipterus* pode ser combatida usando-se armadilhas que constam de duas metades justapostas de bambu, com 8 a 10 cm de diâmetro e 30 a 40 cm de comprimento, providas com toletes de cana de 10 cm tratados com inseticida. Posteriormente, o conjunto é colocado ao lado das touceiras, distribuindo-se a intervalos de 6 a 8 linhas e 10 a 15 passos na linha. Como solução inseticida para impregnar os toletes de cana, tem sido utilizada com sucesso a mistura de 25 g de Carbaril 85 PM + 1 litro de água + 1 litro de melaço (Figura 9).

Para *S. levis*, a referida armadilha não é eficiente, o que levou o Centro de Tecnologia Canavieira – CTC a desenvolver uma técnica mais apropriada. A armadilha para essa espécie é constituída por

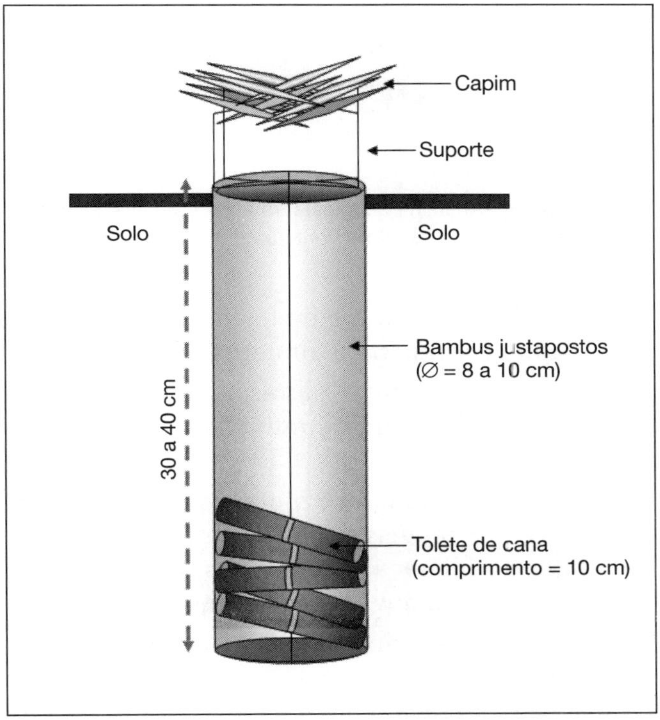

Figura 9. Armadilha de bambu utilizada para o monitoramento de *M. hemipterus*.

toletes de cana de 20 a 25 cm impregnados com a mesma solução descrita para *M. hemipterus*. Esses toletes tratados devem ser colocados aos pares, ou até três pedaços nas épocas de maior população de adultos, no pé da touceira, na base de 150 (8 × 8 m) ou 200 (7 × 7 m) iscas por hectare (Figura 10).

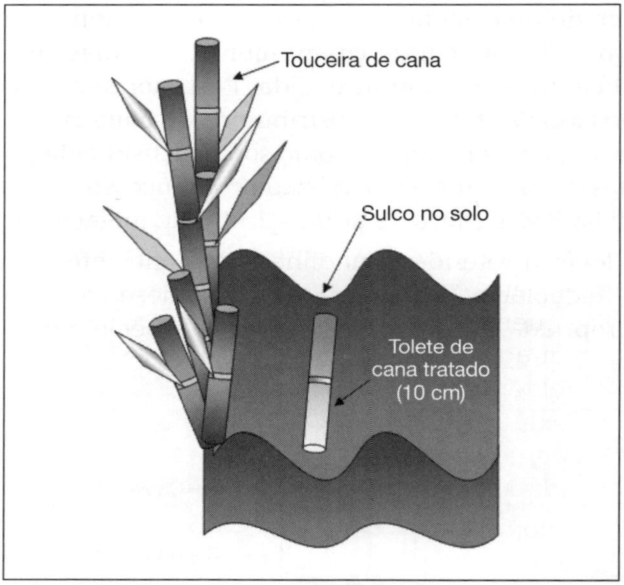

Figura 10. Armadilha de toletes tratados com inseticida, utilizada para o monitoramento e controle de *S. levis*.

Para as armadilhas de bambu e de tolete tratado, recomenda-se a cobertura com capim cortado para aumentar sua eficiência.

Devem-se verificar as capturas nas armadilhas após uma semana. As armadilhas apresentam longa atratividade, porém devem ser repostas a cada 20 dias.

O uso desse tipo de armadilha é viabilizado pela grande longevidade dos adultos, cujas fêmeas colocam de um a dois ovos por dia. Devido a esse fato, a eliminação dos adultos durante qualquer época de sua vida sempre evitará novas oviposições.

Como a confecção dessas armadilhas é artesanal, é recomendável fazer uma avaliação prévia das áreas, para determinar quais são as mais infestadas, visando racionalizar o material e a mão de obra necessária para o controle.

Migdolus fryanus EM CANA-DE-AÇÚCAR

Migdolus fryanus (West., 1863) é um besouro da família Scarabeidae que ataca os toletes e todas as partes subterrâneas da touceira, a partir do nível do solo. Em caso de intensa infestação, pode haver perda total do canavial afetado, tornando-se necessário seu replantio.

Os machos adultos, de coloração preta, são ativos e voam; as fêmeas são de cor marrom mais clara e não voam, por apresentarem asas atrofiadas. Uma fêmea pode pôr cerca de 40 ovos, o que é feito durante o período de janeiro a março, quando as larvas iniciam o ataque. Estas, por sua vez, são branco-leitosas e medem 40 mm quando completamente desenvolvidas. O ciclo de vida é longo, superior a dois anos, e a dificuldade de controle desse inseto é devida à sua capacidade de se aprofundar no solo, onde pupa. Os adultos permanecem por certo tempo na câmara pupal e, cerca de três a quatro meses depois, sobem para a superfície do solo para a revoada, a qual ocorre em dias quentes e úmidos. Esse fenômeno é bastante curioso: os machos voam agitados, buscando as fêmeas que vagueiam pelo solo, à espera deles para a cópula. Aparentemente, são orientados por um feromônio exalado pelas fêmeas. Após copular com um ou mais machos, elas penetram no solo, onde iniciam a postura dos ovos em diversas profundidades.

Até o momento, não foi conseguido um programa de controle biológico, por falta de inimigos naturais. Há observações de alto parasitismo por moscas da família Sarcofagidae; porém, não é obtido efeito significativo, pois, mesmos parasitadas, as fêmeas são fecundadas e põem ovos. Ocorre um predomínio de machos parasitados, mas estes morrem após cumprirem sua missão como reprodutores.

O controle químico recomendado, até o presente momento, é o uso de fipronil.

Sugerimos uma armadilha para controle dessa praga. Seu funcionamento baseia-se no fato de os machos serem atraídos pelo feromônio emitido pelas fêmeas.

▶ Armadilha

O material inclui uma lata de alumínio, uma bacia, fio de náilon, gaiola de tela de náilon e solução de água e detergente. Deve-se retirar uma das bases da lata e fazer um corte retangular em uma de suas faces.

As armadilhas devem ser colocadas sobre o solo, para atrair os machos durante o período de revoada. A lata deve ser disposta com a abertura (tampa) voltada para baixo. Deve-se colocar a bacia com solução de água e detergente no chão, no interior da lata; o detergente visa apenas a quebra da tensão superficial da água.

Faz-se um pequeno furo no centro da parte superior da armadilha (fundo da lata), no qual deve ser amarrado o fio de náilon. Na extremidade oposta do fio, deve-se prender a gaiola de tela de náilon contendo uma fêmea virgem de *M. fryanus*, de maneira que a gaiola fique no nível da solução colocada na bacia (Figura 11).

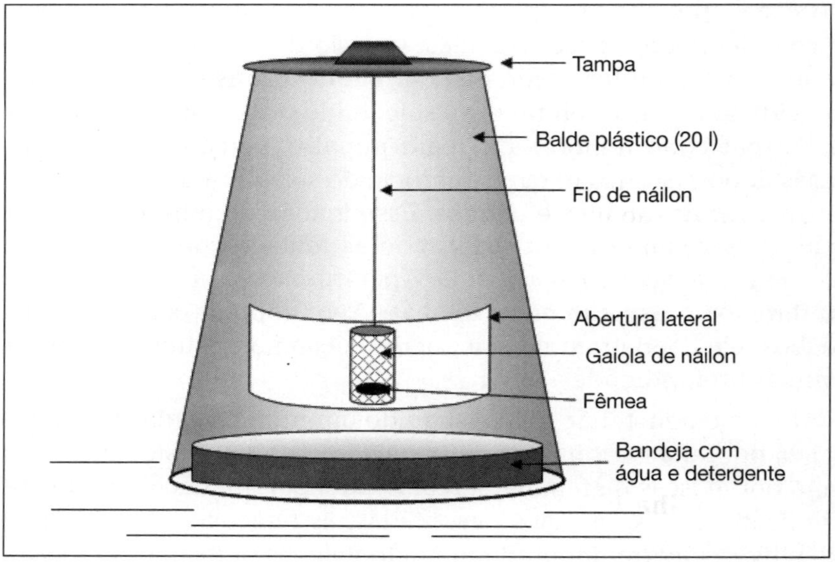

Figura 11. Armadilha para *M. fryanus* em cana-de-açúcar.

Os machos, atraídos pelo feromônio emitido pela fêmea que se encontra na gaiola, entrarão pela abertura lateral da lata a uma altura um pouco superior à da bacia e, ao tentarem se aproximar da fêmea para a realização da cópula, cairão na solução de água e sabão.

COLEOBROCA-DO-CACAUEIRO (*Xilosandrus morigerus*)

A coleobroca-do-cacaueiro *Xilosandrus morigerus* é uma praga que ataca os cacaueiros jovens. Ela perfura os ramos novos, propiciando a introdução do fungo *Lasiodiplodia theobromae*, que provoca a morte das plantas. Seu controle é bastante difícil, já que ela permanece muito tempo dentro das galerias dos ramos, impedindo sua exposição a inseticidas e a agentes biológicos de controle.

▶ Armadilha

Foi idealizada pelo engenheiro agrônomo Marcio Luiz Adoryan e é constituída de um tambor plástico revestido com substância adesiva, que pode ser óleo ou cola. A esse tambor são conectadas mangueiras ligadas a garrafas plásticas contendo o produto atraente. Uma das extremidades do tambor é telada no fundo; um ventilador dispersa os gases. Como substância atrativa, pode ser usado óleo de cravo ou ramos de cacaueiro de dois a três dias.

COLEOBROCAS-DOS-CITROS (*Diploschema rotundicole, Cratosomous* spp., *Macropophora accentifer* e *Trachyderes thoracicus*)

Os besouros, cujas larvas (formas jovens) se alimentam do lenho das plantas, são genericamente chamados de coleobrocas. Podem atingir níveis populacionais tão altos a ponto de serem considerados pragas. Várias são as espécies que atacam as plantas cítricas, entre elas: *Diploschema rotundicole*, *Cratosomous* spp., *Macropophora accentifer* e *Trachyderes thoracicus*. Devido ao fato de esses insetos, na fase larval, permanecerem no interior da planta, o controle químico convencional não é possível. Por isso, formas alternativas de controle vêm sendo estudadas. Entre elas, o controle com planta-isca apresenta características promissoras, pelo menos para o controle das espécies do gênero *Cratosomous*.

▶ Armadilha 1

Trata-se de uma planta-isca, ou seja, uma espécie que o besouro prefere atacar quando tem opção entre a planta cítrica e a planta-isca, no caso, a *Cordia verbenacea*, conhecida popularmente como maria-preta.

Essa planta é um arbusto da família Borraginaceae, que alcança no máximo 3 m. Apresenta flores brancas, dispostas em espigas longas pedunculadas; o fruto, do tipo drupa pequena, apresenta cor vermelha quando maduro e verde quando em crescimento.

As mudas de maria-preta devem ser plantadas a cada cinco filas de plantas cítricas, no alinhamento destas, e, dentro da linha, a cada sete plantas, de modo que o espaçamento entre as plantas de maria-preta seja de aproximadamente 30 × 30 m. A muda deve ser plantada entre as plantas, na linha, de modo que não impeça a gradagem e os tratos culturais (Figura 12). Assim que são encontrados os primeiros adultos na planta-armadilha, devem-se fazer três ou quatro inspeções

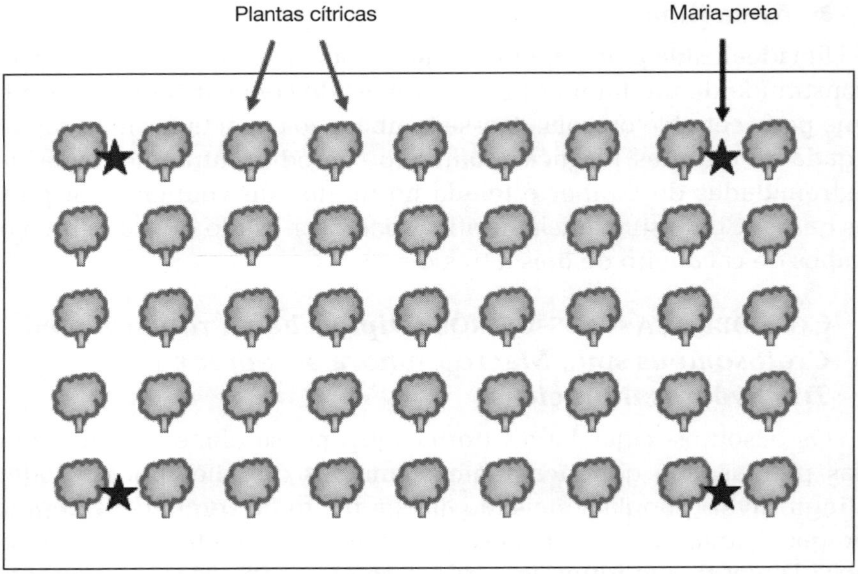

Figura 12. Disposição das plantas-iscas no pomar.

por semana ou, se possível, diariamente, para destruir os adultos encontrados. Na impossibilidade de coletas frequentes, deve-se pulverizar com carbaril a 85% SC a cada 15 dias, na base de 100 g para 40 litros de água. O maior número de armadilhas deve localizar-se nos aceiros e nas áreas limítrofes; no entanto, nada impede que sejam instaladas no interior do pomar.

▶ Armadilha 2

Os adultos das brocas podem ser eliminados com o uso de iscas de melaço a 10%. A espécie *D. rotundicole*, em particular, é muito atraída por esse tipo de isca, mas também ocorre a captura de outras espécies. Sabe-se que as plantas atacadas atraem outras brocas, pois estas buscam locais onde ocorre fermentação alcoólica, produzida pela decomposição de material vegetal por fungos que penetram pelas galerias dos ramos atacados.

Utilizam-se embalagens plásticas de água mineral com duas aberturas laterais de 2 × 2 cm. As aberturas devem ser feitas de modo que a parte inferior não seja cortada, e sim dobrada para dentro, formando uma aba que deve permanecer na posição horizontal. Feitos os cortes, coloca-se a solução de melaço e água até atingir 7 cm de altura. Os besouros são atraídos para a garrafa com isca, entram pela abertura e morrem afogados na calda (Figura 13).

Deve-se usar uma garrafa para cada planta atacada, no período de atividade dos adultos, que é de dezembro a abril.

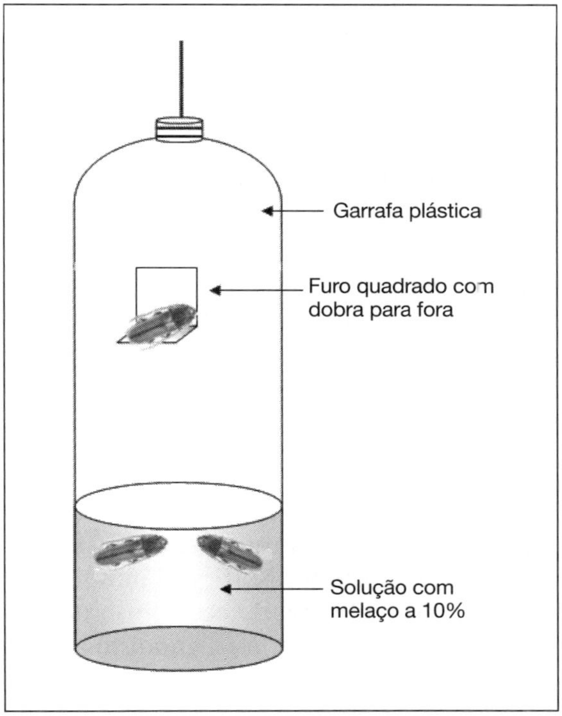

Figura 13. Armadilha para o besouro.

VAQUINHAS-DO-FEIJOEIRO (*Diabrotica speciosa* e *Ceratoma* spp.)

As vaquinhas são coleópteros que, na fase adulta, se alimentam de folhas e folíolos de plantas leguminosas, solanáceas e outras. Quando em altas populações, podem causar prejuízos econômicos à cultura. As espécies mais comuns são *Diabrotica speciosa* e espécies do gênero *Ceratoma*. Os adultos das vaquinhas são besouros que medem cerca de 10 a 15 mm; as larvas são do tipo elateriforme, apresentam coloração clara e setas longas no dorso; medem de 10 a 15 mm.

Recomenda-se que o controle seja feito quando o nível de desfolha for de 25% até os primeiros 20 dias de estabelecimento da cultura.

Após essa fase, o controle deverá ser feito com 40% de dano foliar, até a época de enchimento das vagens.

Algumas plantas da família Cucurbitaceae possuem substâncias químicas denominadas cucurbitacinas, as quais alteram o comportamento dos insetos, atraindo-os para si. Essas plantas são conhecidas pelo nome vulgar de taiuiá, cabeça-de-negro, melancia-brava, abobrinha-do-mato, tajujá e outros.

As espécies mais conhecidas, cujas raízes atraem os insetos da família Chrysomelidae, são: *Cayaponia tayuya* e *Ceratosanthes hilariana*. A primeira tem a raiz esponjosa e amarelada e pode atingir 2 m de comprimento e 20 cm de diâmetro; a segunda possui raiz tuberosa, em forma de pião, com um diâmetro de aproximadamente 15 a 20 cm.

A associação coevolucionária entre plantas dessa família e os besouros crisomelídeos fornece um exemplo clássico do papel das cucurbitacinas como substâncias secundárias que atuam como cairomônios, agindo como estimulante alimentar. A agregação dos insetos em torno de porções dessa planta atrativa deve-se provavelmente ao feromônio de agregação exalado por insetos em alimentação.

▶ Armadilha 1

Cortam-se as raízes de taiuiá em pedaços de 400 a 1.000 g, que são tratados com inseticidas. Os mais recomendados são: Metomil (Lannate), Carbaril (Sevin) e Carbofuran (Furadan 350). O melhor efeito residual em iscas tóxicas é observado com o uso de Carbaril (Sevin); no entanto, podem ser usados ainda os produtos: Acefato (Cefanol, Orthene 750 BR), Triclorfon (Dipterex 50, Triclorfon 50), Cartap 500 e outros inseticidas não repelentes.

SISTEMÁTICA DE UTILIZAÇÃO

As iscas podem ser utilizadas em condições de campo, por período de 25 a 30 dias. No entanto, no caso de temperaturas elevadas ou baixa umidade, deve-se substituí-las a cada 15 a 20 dias, para sua maior eficiência.

Esse método de controle é considerado um meio eficiente de diminuir a população de adultos. No entanto, deve-se ressaltar que pode não ser eficiente no caso de altas infestações na fase inicial de desenvolvimento da cultura, em áreas extensas.

▶ Armadilha 2

Com base no fato de a vaquinha ser fortemente atraída pela cor amarela, foram criados vários modelos de armadilhas. Todos consistem basicamente de uma placa inclinada a 45º, pintada de amarelo. O material deve ser o mais econômico e leve possível. A placa é impregnada com cola para reter os insetos. A melhor cola testada para esse fim é o óleo especificado SAE 140 (Figura 14).

Uma placa pode proteger cerca de 10 metros quadrados e constitui uma boa opção para o controle de vaquinhas em pequenas áreas.

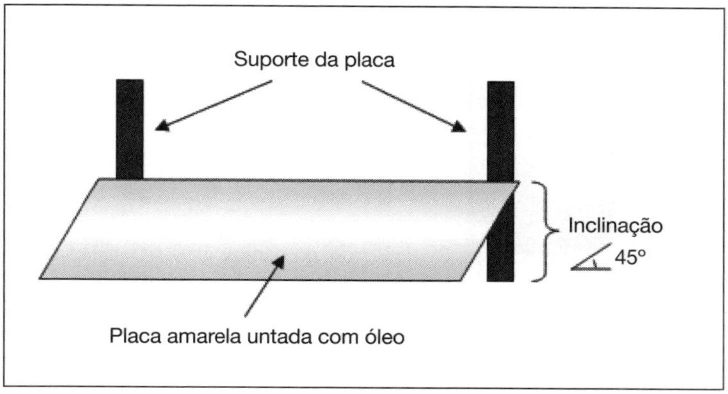

Figura 14. Placa amarela untada com óleo.

COLEOBROCA-DA-MANGUEIRA (*Hypocryphalus mangiferae*)

A coleobroca-da-mangueira *Hypocryphalus mangiferae* é um inseto da família Scolitydae. Costuma atacar as plantas com problemas, cuja seiva apresenta substâncias alcoólicas que resultam da decomposição de açúcares e amido nos cortes ou ferimentos.

No Departamento de Entomologia da Esalq-USP, foram desenvolvidos três tipos de armadilhas para controlar essa broca, responsável pela seca-da-mangueira (Figura 15).

▶ Armadilha 1

Uma garrafa plástica cheia de álcool etílico, pintada de amarelo por fora e untada com óleo lubrificante de alta viscosidade. Vários furos são feitos na parte de cima da garrafa, para deixar sair os vapores de álcool que atraem os besouros.

▶ Armadilha 2

Corta-se um pedaço de bambu pouco acima e pouco abaixo dos nós, de modo que fique fechado. Na parte superior, faz-se um furo,

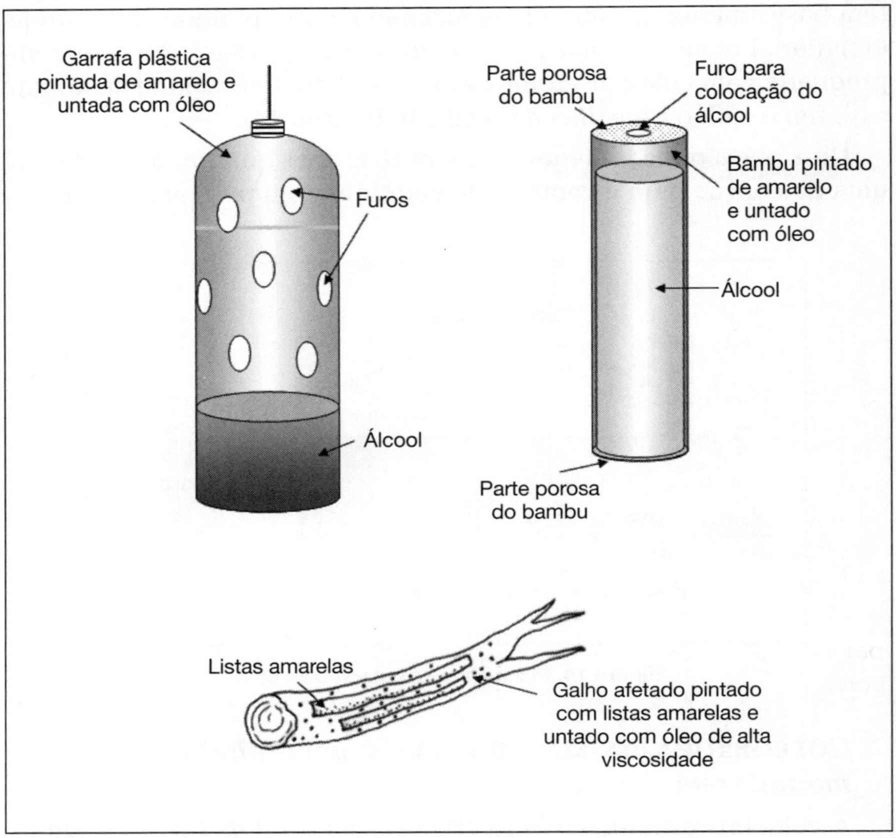

Figura 15. Armadilhas para controle de adultos da broca-da-mangueira.

pelo qual se enche o interior com álcool. O bambu é poroso e exala o álcool pelas superfícies superiores e inferiores, atraindo os adultos desse inseto. Da mesma forma que a garrafa, o bambu deve ser pintado de amarelo e untado com óleo viscoso.

▶ Armadilha 3

Retira-se um galho afetado, que é pintado com listras amarelas. Deve-se também aplicar o óleo de alta viscosidade para reter os besouros. Neste caso, não é necessário usar álcool etílico, porque a própria madeira vai exalar o cheiro de fermentação alcoólica.

Em testes feitos na Esalq, as armadilhas pegaram, em média, cerca de 30 besourinhos por dia. A praga foi controlada em um prazo médio de um mês, usando-se uma armadilha por árvore.

COLEOBROCA-DA-PALMEIRA (*Rynchophorus palmarum*)

O besouro negro *Rynchophorus palmarum* é um coleóptero de cerca de 50 mm, que pode causar dois danos para as palmeiras imperiais:

- O primeiro dano é direto. Refere-se ao fato de a larva perfurar a palmeira para alimentar-se de seus tecidos internos.
- O segundo dano é indireto, porque, na verdade, é causado pelo fungo do anel vermelho do coqueiro, o qual encontra facilidade para penetração e desenvolvimento através das galerias abertas pela coleobroca.

▶ Armadilha

O Centro Nacional do Coco da Embrapa de Aracaju desenvolveu uma armadilha para o controle da broca.

A isca para o inseto consiste de um balde com capacidade de 10 litros contendo 30 a 40 pedaços de cana-de-açúcar amassados, adicionados de 200 ml de melaço e 800 ml de água. A tampa deve ter quatro furos, onde são colocados funis, com a parte estreita cortada, para que o inseto atraído escorregue para o interior do balde e não consiga mais sair (Figura 16).

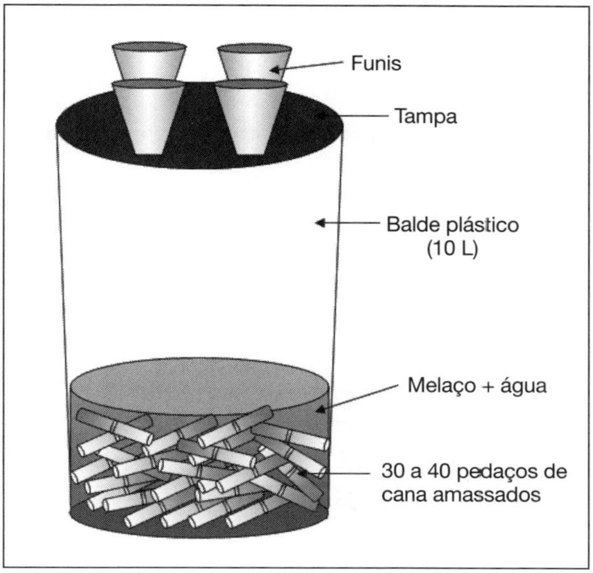

Figura 16. Armadilha para coleobroca-da-palmeira.

As iscas devem ser trocadas a cada 15 dias e os insetos capturados devem ser eliminados manualmente. Recomenda-se que as armadilhas sejam distribuídas mantendo uma distância de 500 m.

Besouros necrófagos, coprófagos e saprófitos

Para estudar esses organismos, foram criadas algumas armadilhas à base de isca alimentar.

Para preparar a armadilha, deve-se dispor de uma lata de volume de cerca de 5 litros. Esta lata deve ser furada no fundo, para que o excesso de água das chuvas possa ser drenado. A lata recebe uma camada de areia, sobre a qual coloca-se a isca, que podem ser frutos podres, pequenos animais mortos ou excremento. De posse da lata preparada, deve-se enterrá-la até uma profundidade em que sua face superior esteja no mesmo nível do solo. Deve-se então colocar sobre a lata uma tampa, que pode ser uma telha ou uma tábua. É necessário que seja deixada uma fresta para que os insetos possam adentrar na armadilha (Figura 17).

Esse tipo de armadilha apresenta problemas em períodos prolongados de chuvas. Outro inconveniente é o fato de que muitas vezes ela também atrai formigas, as quais perturbam os besouros ou se alimentam deles.

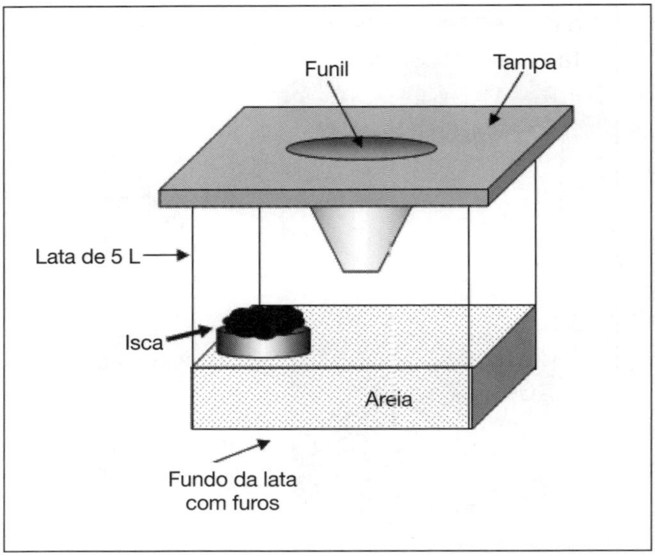

Figura 17. Armadilha para besouros necrófagos, coprófagos e saprófitos.

BROCA-DO-CAFÉ (*Hypothenemus hampei* [Ferrari])

Os indivíduos da família Scolytidae são pequenos besouros de corpo cilíndrico que medem cerca de meio milímetro, apresentam coloração escura e élitros truncados. Do ponto de vista econômico, uma das espécies mais importantes representantes dessa família é a *Hypothenemus hampei* (Ferrari).

O primeiro modelo de armadilha de impacto data de 1995 e consistia apenas em um anteparo de vidro sustentado por uma moldura. Ao longo dos anos, esse tipo de aparelho foi sendo aprimorado, e hoje há modelos bastante aperfeiçoados.

Essas armadilhas têm sido empregadas sobretudo para estudos ecológicos desses insetos. No entanto, podem ser usadas para o controle em culturas comerciais.

O princípio de funcionamento delas está na atração dos insetos que, ao se aproximarem, chocam-se contra a superfície transparente e caem no funil, escorregando para o recipiente de armazenamento.

▶ Armadilha

Uma isca muito eficiente para muitas espécies de coleópteros é o etanol. Sua atratividade se deve ao fato de essa substância ser empregada por indivíduos pioneiros na localização de hospedeiros favoráveis. O etanol também pode funcionar como sinergista, aumentando o efeito atrativo de monoterpenos presentes no hospedeiro, ou posteriormente ao ataque, sinergizando feromônios produzidos pelos indivíduos colonizadores. Em todos os modelos citados neste trabalho, a isca deve ser renovada a cada quatro semanas.

Marques (1984) confeccionou uma armadilha denominada de Escolitídio/Curitiba.

Toda construída com chapas de alumínio de 0,5 mm de espessura, essa armadilha é constituída de:

- cobertura superior, também chamada de chapéu, em forma cônica, de 4 cm de altura e 18 cm de diâmetro;
- interceptor de voo dos insetos: constituído de duas folhas de alumínio cruzadas, formando quatro aletas de 7 cm de largura por 14 de altura;
- funil cujos diâmetros maior e menor são de 18 e 3 cm, respectivamente, e cuja altura é de 13 cm;
- frasco coletor com capacidade de 400 ml, adaptado ao funil.

Carrano et al. (1993) adaptaram o modelo descrito. Substituíram o frasco coletor de plástico por um de vidro, cuja tampa foi fixada ao funil por uma mangueira plástica de 3 mm de diâmetro interno por 80 cm de comprimento.

Esses autores também citam outro modelo, denominado unidirecional de impacto, também chamado Marques/Carrano. Este modelo apresenta chapéu de 38 cm de diâmetro, funil coletor de 24 cm, com diâmetro maior, e 24 cm de altura do painel de impacto, constituído por uma folha de plástico duplo, medindo 21 cm de altura por 23 cm de largura. O painel é fixado ao chapéu e ao funil usando-se arame galvanizado removível (Figura 18). A mangueira porta-isca foi colocada em forma de U entre as folhas do painel de impacto e o frasco coletor foi instalado do mesmo modo que o anterior (Figura 19). A altura de colocação da armadilha, que varia entre 0,5 e 1,3 m, não tem influência sobre a eficiência de funcionamento, e cada armadilha pode distanciar-se 30 m uma da outra. Enquanto o modelo Escolitídio/Curitiba captura maior quantidade de insetos, o modelo Mar-

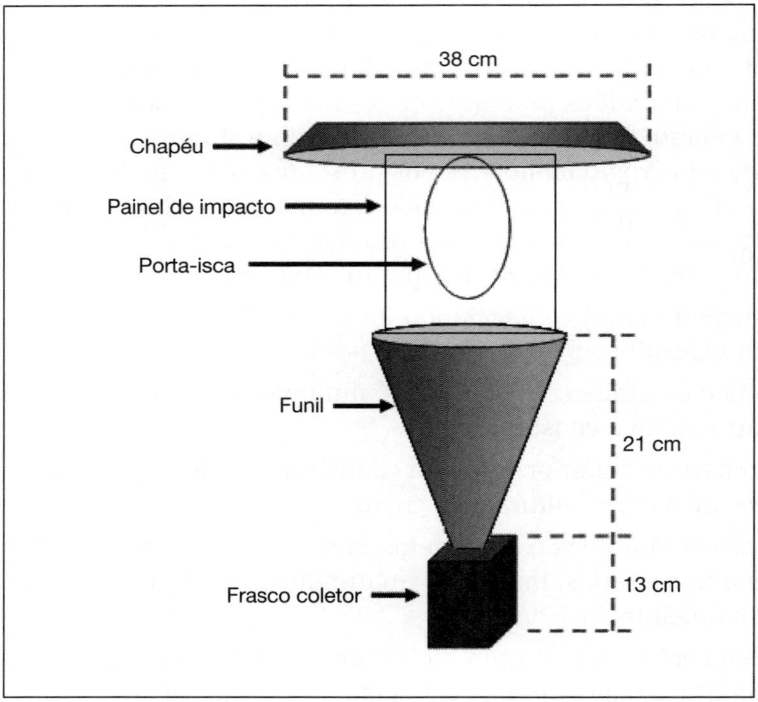

Figura 18. Diagrama esquemático do modelo Marques/Carrano.

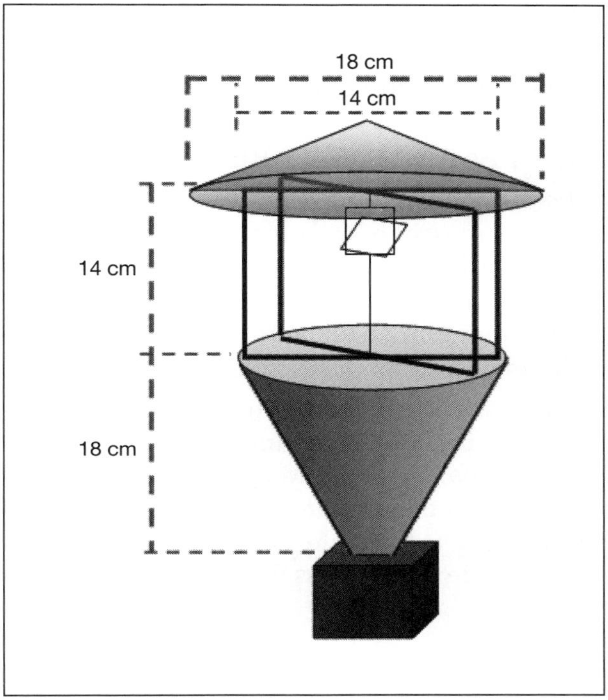

Figura 19. Armadilha modelo Escolitídio/Curitiba.

ques/Carrano tende a promover uma coleta mais diversificada, além de apresentar maior facilidade de confecção, menor gasto de material e maior praticidade de transporte.

SERRA-PAUS (CERAMBICÍDEOS)

Os besouros-serradores preferem árvores decadentes que por alguma razão estejam emitindo fermentação alcoólica. Dirigem-se a essas plantas para colocar seus ovos. As fêmeas põem os ovos em galhos que se encontram em pouca atividade de seiva, para que suas larvas, ao nascerem, não morram afogadas. Os besouros-serradores chegam a cortar os galhos para, em seguida, ovipositar neles, garantindo a sobrevivência de suas larvas.

▶ Armadilha

Recipientes contendo melaço a 10% conseguem atrair os adultos, que se alimentam de substâncias adocicadas, principalmente as fêmeas, que necessitam de alimento para uma boa postura.

Podem ser usadas garrafas de água mineral que contenham cerca de 300 ml de solução de água e melaço a 10%. As garrafas devem ter aberturas laterais para a entrada dos besouros (ver Figura 13).

2. ARMADILHA PARA MOSCA-BRANCA (HOMÓPTEROS)

Bemisia tabaci, conhecida popularmente como mosca-branca, na verdade não é uma mosca, e sim uma minúscula cigarrinha. É uma das principais pragas do feijoeiro, porque, além de sugar a seiva das plantas e injetar toxinas nelas, transmite viroses, como o mosaico-anão e o mosaico-dourado-do-feijoeiro. É muito prejudicial ao feijão-da-seca, principalmente até o florescimento.

São insetos que medem 1 mm e apresentam dois pares de asas membranosas recobertas por pulverulência branca. Os ovos, em número de 110 por fêmea, são colocados na face inferior da folha, permanecendo presos por um curto pedúnculo. As ninfas eclodem e passam a sugar as folhas pela face inferior. O ciclo completo é de cerca de 15 dias e a longevidade das fêmeas é de 18 dias, aproximadamente.

▶ Armadilha

Consiste de uma tábua ou uma superfície qualquer pintada de amarelo e impregnada com substância adesiva, como óleo SAE 140. Essa superfície deve ser colocada de frente para os ventos principais. Serve tanto para diminuir a população em pequenas propriedades rurais como para levantamentos populacionais em experimentos de campo (Figura 20).

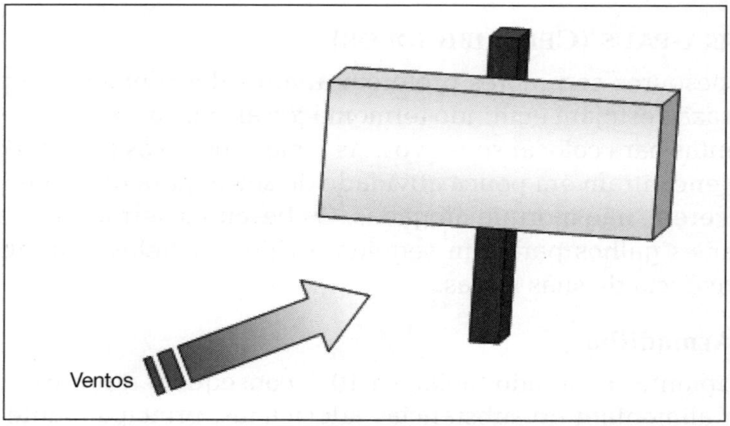

Figura 20. Armadilha para mosca-branca.

3. ARMADILHA PARA PERCEVEJOS (HETERÓPTEROS)

É empregada na cultura da soja para o controle do complexo de percevejos.

Várias são as espécies de percevejos que atacam a cultura da soja, causando prejuízos significativos. Dentre as principais, estão:

- *Nezara viridula* (L., 1758) – percevejo-verde;
- *Edessa meditabunda* (Fabr., 1794) – percevejo-da-soja;
- *Euschistos eros* (Fabr., 1794) – percevejo-marrom-da-soja;
- *Piezodorus guildinii* (Westwood, 1837) – percevejo-verde-pequeno-da-soja;
- *Dichelops furcatus* (Fabr., 1775) – barriga-verde.

Essas espécies sugam a seiva de ramos, hastes e vagens. Por ocasião da sucção de seiva nos ramos e na haste, esses insetos injetam uma toxina que promove certa retenção foliar, conhecida popularmente como soja-louca, ou seja, as folhas não secam e em geral não caem, o que dificulta a colheita mecânica. Se o ataque se dá nas vagens, pode acontecer um prejuízo direto de 30% na produção, devido ao "chochamento" das vagens e à ocorrência das chamadas manchas de levedura, decorrentes das picadas dos insetos. Os grãos manchados, além de perderem seu valor comercial, têm o teor de óleo e proteína diminuído.

O uso de plantas-armadilhas para o controle dessa praga tem sido recomendado por diversos especialistas e vai ao encontro da filosofia do Manejo Integrado de Pragas (MIP). Trata-se de uma semeadura antecipada de soja nas áreas marginais da lavoura (cerca de 10% da área total). Deve-se plantar uma variedade mais precoce para atrair os percevejos que atacam as vagens e eliminar a população por meio de pulverização, antes que ela ataque as plantas da área principal. Pode-se ainda usar uma planta mais atrativa aos percevejos do que a própria soja, como o caupi *Vigna unguiculata*.

Também o método da atração por sal é utilizado no campo para o controle desses insetos. O método apresentado aqui não é propriamente uma armadilha, mas sim um modo de diminuir a quantidade de defensivos, atraindo os percevejos e realizando o controle dessas pragas.

A técnica foi desenvolvida pela Embrapa e aperfeiçoada pelo engenheiro agrônomo Luís Carniel. Consiste na utilização de um tecido de polietileno conhecido como talagarça, com 25 m de comprimento e 3 m de largura, dobrado ao meio no sentido longitudinal. Esse tecido é indicado por ser leve. Ao longo da dobra, costura-se uma mangueira de 5/16" e uma corda. Esta deve ultrapassar 1 m de cada extremidade da mangueira, para que se possa puxar o conjunto com o auxílio de outra corda amarrada no centro. A mangueira deve ser furada a cada 15 cm, utilizando-se uma agulha aquecida. Depois de furada, deve ser acoplada a um pulverizador costal.

FUNCIONAMENTO

O líquido sai pelos furos e molha o pano. O tecido umedece as folhas de soja com a solução preparada, sendo puxado lentamente pelas cordas. Desse modo, os operadores não entram em contato com o inseticida e, segundo alguns produtores, com esse método, gasta-se apenas um oitavo da dose usual para controlar a praga. Além disso, esse método de aplicação permite não perder os 2% de produção que normalmente são perdidos com o esmagamento das plantas pelo trator nas pulverizações convencionais (Figura 21).

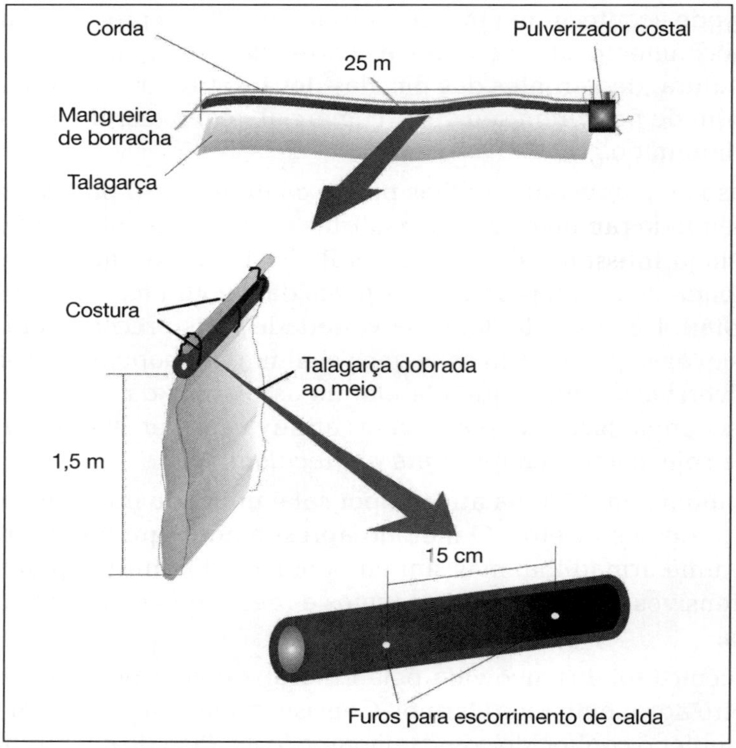

Figura 21. Armadilha para percevejos.

DOSAGEM

A mistura utilizada no pulverizador é composta por 50 g de sal de cozinha, 100 ml de inseticida fosforado sem odor para cada 10 litros de calda. Em geral, são gastos 20 litros de calda por hectare.

A técnica é indicada para propriedades de até 40 hectares e o tempo para aplicação varia de 30 a 40 minutos por hectare, dependendo da altura da soja. Se a propriedade é grande, pode-se realizar uma aplicação convencional de inseticida, reduzindo a dose de defensivo pela metade e adicionando sal à calda de pulverização.

4. ARMADILHAS PARA BORBOLETAS E MARIPOSAS (LEPIDÓPTEROS)

Esse grupo de insetos é representado por espécies extremamente nocivas à agricultura. A fase na qual eles causam danos às culturas agrícolas é a de larva, também conhecida como fase de lagarta, na qual se alimentam de tecidos vegetais nas folhas, nos ramos e caules, ou nos frutos. Os adultos normalmente não provocam danos diretos, mas muitas vezes é preciso matá-los para diminuir a população futura. Como as espécies dessa ordem apresentam comportamento regido por feromônios sexuais, idealizou-se o controle dos adultos com o auxílio desses compostos. Silveira Neto et al. (1981) realizaram um estudo da flutuação populacional da mariposa oriental *Grapholita molesta* em pessegueiro e nectarineira, com o uso de feromônio sexual sintético. Esses autores determinaram, com esse trabalho, um nível de controle para essa espécie de 60 indivíduos por mês de coleta. Acima desse nível, recomenda-se que se faça o controle químico. Outro feromônio, bem mais popular, é o gossiplure, utilizado na cultura do algodão para controle da lagarta-rosada *Pectinophora gossypiella*.

Outro fator que atrai as lepdopragas de um modo geral é a luz. As mariposas que apresentam essa característica são chamadas espécies de fototropismo positivo. Esse fenômeno também tem sido estudado e explorado para a criação de diversos modelos de armadilhas luminosas para controlar esses insetos. Podemos ainda lançar mão de outras técnicas para atrair borboletas, sobretudo alimentos, como substâncias açucaradas fermentadas. Neste capítulo, daremos detalhes sobre o emprego desses tipos de armadilhas para diversas pragas de algumas culturas.

▶ Armadilha de feromônio modelo inglês e modelo brasileiro

FUNCIONAMENTO

O princípio de funcionamento do modelo inglês baseia-se no uso de cartões de papelão com cola apropriada para o emprego em armadilhas (cola "stick"). O cartão é colocado no fundo da armadilha, com a superfície contendo cola voltada para cima. O feromônio é posto no interior da armadilha. Os insetos atraídos por ele debatem-se e caem sobre a cola, onde ficam presos. A diferença, com relação ao modelo brasileiro, está no fato de que este tem não apenas o fundo, mas todo o interior impregnado com cola.

Essa diferença constitui uma vantagem para o modelo inglês, que permite apenas a troca do cartão com cola, em vez da troca de toda a armadilha, o que apresenta uma relação custo/benefício maior. Em contrapartida, a armadilha brasileira tende a ser mais eficiente, sendo a troca das armadilhas menos frequente do que a dos cartões.

CONFECÇÃO DAS ARMADILHAS

Para construir essas armadilhas, deve-se dispor dos seguintes materiais (Figura 22):

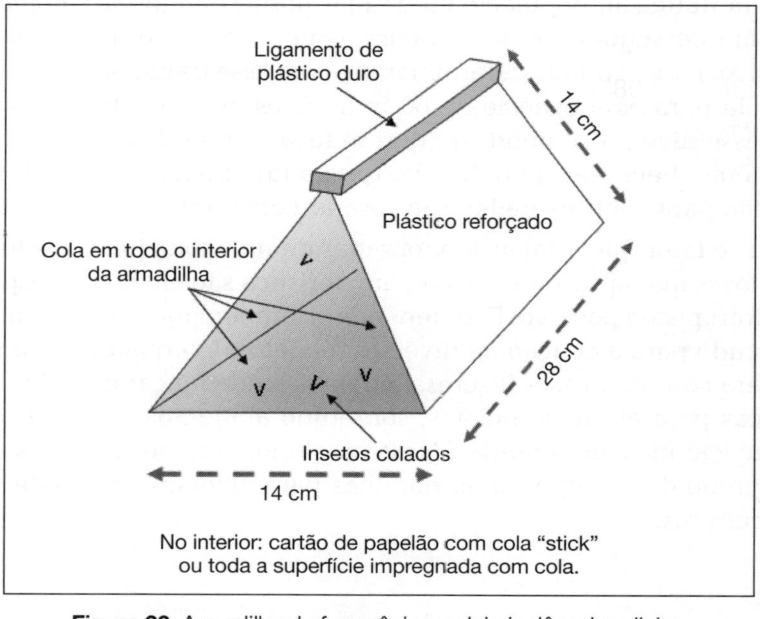

Figura 22. Armadilha de feromônio modelo inglês e brasileiro.

- pranchas de plástico reforçado;
- ligamentos de plástico escuro;
- arame;
- cartão de papelão;
- cola "stick";
- feromônio comercial.

LAGARTA-DA-SERINGUEIRA OU LAGARTA-DA-MANDIOCA (*Erinnys ello* L.)

Segundo Abreu (1974), *Erinnys ello* L. é a mais importante praga da seringueira no Estado da Bahia. É uma lagarta que se alimenta de folhas, podendo provocar a desfolhação completa se ocorrer em surtos.

Como se trata de um inseto de voo noturno e fototrópico positivo, as amostragens de sua população podem ser feitas com armadilhas luminosas. Abreu (1974) realizou estudos que indicam que as lâmpadas F15 T8/BLB e F15 T8/BL são oito vezes mais atrativas que a lâmpada F15 T8/LD.

▶ Armadilha

O modelo e o modo de funcionamento estão descritos no item Armadilhas luminosas (ver página 12).

Scardini (1983) comenta o controle do mandorová-da-mandioca *E. ello* L. por meio de armadilha luminosa na Fazenda São José, município de Linhares, ES, no ano de 1979. Instalada no centro da plantação, em uma área de 6 hectares, e ligada uma vez por semana entre as 18 e as 6 horas do dia seguinte, a armadilha luminosa prevenia o produtor contra ataques intensos, alertando para a catação de ovos. Sua eficiência não foi avaliada, por não ter sido feito um levantamento comparativo. No entanto, em 1981, ocorreu um surto que desfolhou todos os mandiocais vizinhos, menos o mandiocal com armadilha, porque o crescente aumento do número de insetos coletados alertou para a necessidade de ligar a armadilha todas as noites, e não apenas uma vez por semana, evitando-se, assim, despesas com inseticidas.

Muitas fêmeas caem fora da armadilha e ovipositam nas proximidades. Dessa forma, torna-se necessário o uso de inseticidas nesses locais, para o controle das populações de lagartas que aí se desenvolvem.

A instalação pode ser feita em propriedades eletrificadas ou não. Neste último caso, a armadilha luminosa será alimentada por baterias, mas podem também ser empregadas outras fontes de luz, como lampião a gás (Figura 23).

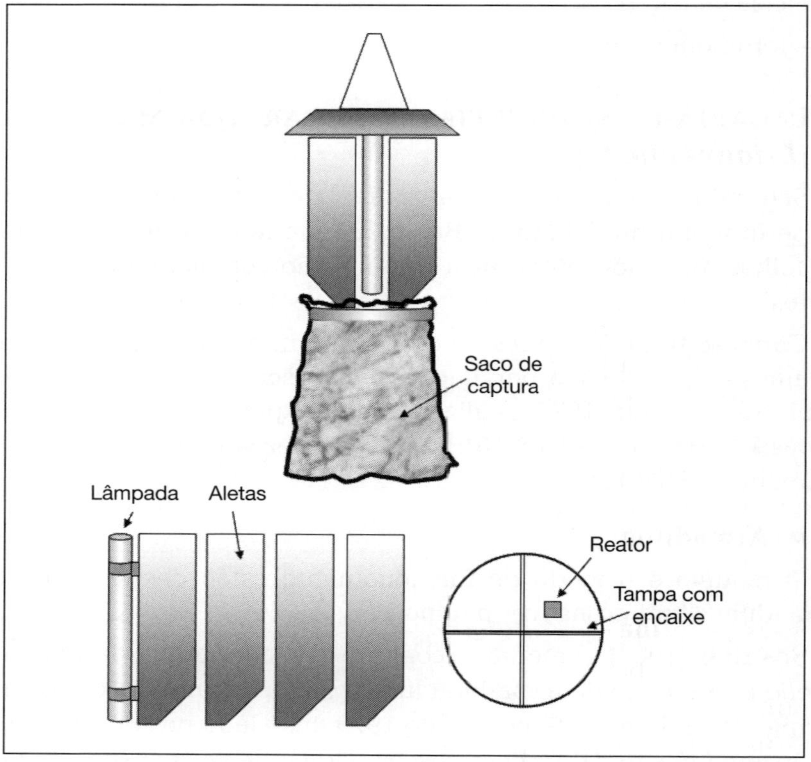

Figura 23. Armadilha luminosa de baixo custo para uso em campo.

Scardini (1983) recomenda que as armadilhas sejam penduradas em postes à altura de um metro acima da copa das plantas, aproveitando os pontos mais altos da lavoura. Em terrenos planos, uma armadilha é suficiente para cada 20 hectares. Deve-se colocá-la no centro da área. Porém, se o terreno apresenta relevo irregular, devem-se usar tantas armadilhas quantas forem necessárias para que possam ser vistas de qualquer lugar da área e sempre nos pontos mais altos.

Devemos ressaltar que o uso dessas armadilhas não substitui o emprego de inseticidas para o controle da praga, mas pode reduzir significativamente a população de insetos e contribuir, assim, para a diminuição do uso de produtos químicos, o que promove uma redução do custo de produção e traz menores riscos de contaminação ao homem e ao ambiente.

LAGARTA-DO-DENDEZEIRO (*Opsiphanes invirae* [Huebner, 1819])

O adulto do lepidóptero *Opsiphanes invirae* (Huebner, 1819) é uma borboleta de cor marrom que mede 7 a 8 cm de envergadura. As asas anteriores apresentam uma faixa amarela no sentido transversal e as posteriores possuem uma mancha alaranjada na extremidade inferior. As lagartas são de cor verde, apresentam cornos cefálicos e dois apêndices na parte final do abdômen.

É uma praga polífaga, que se alimenta de folhas de palmeira e de bananeira, dentre outras plantas. Em palmeiras novas, os estragos provocam atraso no desenvolvimento da planta. Gallo et al. (1978) relatam que as lagartas dessa espécie destroem o limbo foliar, deixando apenas as nervuras centrais das folhas quando o ataque é intenso.

A aplicação generalizada de inseticidas com o objetivo de combater o crisomelídeo *Calyptocephala marginipennis* nas plantações de dendê, em Honduras, reduziu drasticamente a ação de biorreguladores, o que acarretou a ressurgência de *Opsiphanes cassina* em níveis econômicos.

▶ Armadilha

Consiste de baldes de plástico sobre cuja tampa foram adaptados quatro funis do mesmo material. Para servir de isca, são colocados dentro de cada armadilha cerca de 35 pedaços de cana-de-açúcar de 40 cm de comprimento, misturados com uma solução de 200 ml de melado e 800 ml de água. A isca deve ser amassada com martelo para que a fermentação seja mais rápida (Figura 24).

FUNCIONAMENTO

Essas armadilhas foram testadas por Moura & Souza (1991) em um trabalho realizado no município de Nazaré, na Bahia. Para a avaliação, foram utilizadas, em um período de dez dias, dez armadilhas, colocadas à distância de 500 m uma da outra.

As borboletas são atraídas pelos odores emanados das iscas e pousam sobre os funis nas armadilhas, onde caminham e acabam caindo no interior do balde. Esses autores afirmam que, devido ao fato de que em dez dias cada armadilha captura 125 exemplares da espécie, é pos-

Figura 24. Armadilha para lagarta-do-dendezeiro.

sível controlar a população dessa praga apenas com o seu uso, dispensando o emprego de inseticidas. No entanto, salientam que, quando misturada a inseticidas e deixada exposta na plantação, a isca pode capturar maior número de insetos, pois as borboletas dessa espécie, por serem de voo diurno, provavelmente localizarão a fonte de alimento que se encontre exposta, quando comparada a uma que se encontre no interior de uma armadilha, e podem sair após alimentar-se.

BROCA-DO-FRUTO-DO-ABACAXIZEIRO (*Thecla basalides*)

A broca-do-fruto-do-abacaxizeiro, conhecida cientificamente por *Thecla basalides*, é uma praga temível na cultura. O adulto é uma borboleta com asas de cor cinza e bordas escuras, com franjas esbranquiçadas externamente, além de apresentar um par de apêndices filamentosos. Põe ovos nas escamas da inflorescência.

▶ Armadilha

Trata-se de uma armadilha de atração mista: por cor e por parte vegetal.

Os adultos são fortemente atraídos pela cor amarela, e as lagartas, pelo cheiro característico. As cascas do abacaxi são as iscas. Estas são pulverizadas com 300 g do fungo *Beauveria bassiana*, suspensos em 10 litros de água. As iscas devem ser colocadas com a polpa para cima, pois a cor amarela atrai os insetos. Elas precisam ser trocadas a cada duas semanas, devido à perda da viabilidade atrativa e da desidratação. Devem-se usar 150 iscas espalhadas por hectare.

Se o adulto for contaminado antes da postura, poderá contaminar seus ovos. Se a fêmea for contaminada depois, o processo não funcionará.

BROCA-DA-FIGUEIRA (*Azochis gripusalis* Walk., 1859)

A mariposa *Azochis gripusalis* Walk., 1859 pertence à família Pyraustinae e é uma das principais pragas dessa cultura. Tem aparecido com frequência na região de Valinhos e Sorocaba, Estado de São Paulo.

Para atrair essa mariposa, Silveira Neto (1969) utilizou armadilhas luminosas multidirecionais, com luz vertical no centro de quatro aletas ou anteparos ortogonais entre si, acopladas a um cone unido a um recipiente para conter os insetos capturados. As lâmpadas usadas foram fluorescentes ultravioleta *black light* de 15 watt, 115 volt e 60 ciclos, 18", modelo F15 T8/BL (ver Figura 23).

TRAÇA-DO-TOMATEIRO OU TRAÇA-DA-BATATINHA (*Tuta absoluta*)

A traça-do-tomateiro *Tuta absoluta* é uma mariposa cujo adulto mede 5 a 14 mm de envergadura. É de cor cinza e possui pontuações escuras na parte dorsal das asas posteriores. As lagartas medem no máximo 7 mm, são brancas quando nascem e tornam-se pardas à medida que se desenvolvem. Elas minam as folhas, destruindo o mesófilo e a gema apical, brocam o caule e os frutos dos tomateiros. Quando a cultura atinge a fase de florescimento e frutificação, as larvas atacam as flores e os frutos novos. Quando atacam os frutos mais velhos, próximos à maturação, estes se tornam depreciados comercialmente.

▶ Armadilha

Paulo (1986) demonstrou que a utilização de armadilha luminosa ambulante apresenta bons resultados no seu controle. Como as mariposas costumam voar a curta distância, esse tipo de armadilha oferece grande chance de capturá-las, pois elas vão ao seu encontro, devido à característica que possuem de fototropismo positivo.

Foi desenvolvida uma armadilha luminosa portátil, na qual foi colocada uma aleta disposta em um só sentido em um lampião a gás comum. A aleta, medindo 25 × 40 cm, foi feita de plástico transparente esticado sobre uma moldura de arame número 8.

Durante o deslocamento da armadilha no interior do tomatal, devem-se agitar as folhagens para que as mariposas, ao levantarem voo, cheguem à fonte de luz. Ao girarem em volta da luz, elas ficam presas na aleta, constituída de plástico transparente e untada com óleo SAE 140 (Figura 25).

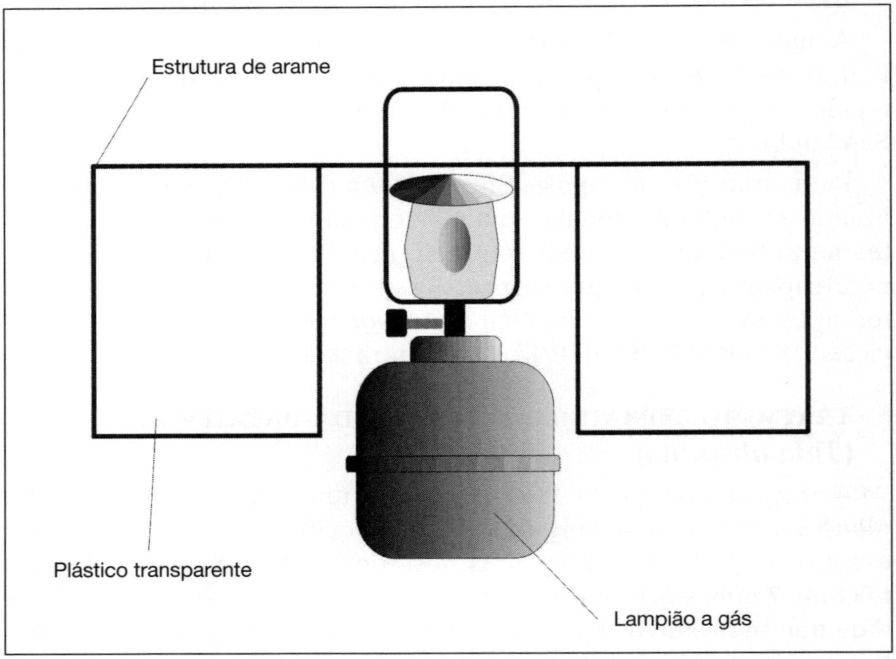

Figura 25. Armadilha luminosa ambulante.

CAPTURA DE INSETOS PARA ALIMENTAÇÃO SUPLEMENTAR DE TANQUES E RANÁRIOS

Embora esse tipo de armadilha seja muito eficiente para a captura de mariposas noturnas, muitos outros insetos são atraídos, o que aumenta a disponibilidade de organismos que servirão de alimento aos peixes e às rãs. Castagnolli (1992) cita esse tipo de armadilha como interessante fonte alternativa de alimento suplementar para algumas espécies de peixes.

Trata-se de uma armadilha luminosa cuja lâmpada é instalada a 40 cm da lâmina d'água e a 2 m da superfície. Essa lâmpada deve ser coberta com material apropriado, para proteção contra as chuvas. Os insetos são atraídos pela luz que se espelha na superfície da água, onde caem, tornando-se presas fáceis. O esquema de construção e funcionamento aparece representado na Figura 26.

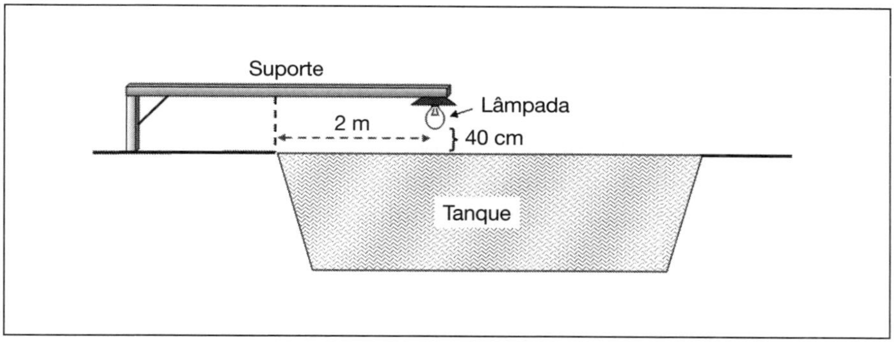

Figura 26. Armadilha para captura de insetos como alimento suplementar em ranários e criações de peixes.

5. ARMADILHAS PARA CUPINS (ISOPTERA)

CUPIM SUBTERRÂNEO (*Heterotermes tenuis*)

Essa espécie de cupim é uma das principais pragas da cultura da cana-de-açúcar e também ataca as culturas de café, citros, abacaxi e outras. Ela ataca as raízes da cana, provocando a seca-da-touceira e, consequentemente, falha no *stand*. Pode atacar os toletes de cana por ocasião do plantio e ainda prejudicar a sementeira de cereais e destruir o plantio de tubérculos, muitas vezes exigindo replantio.

Com a proibição do uso de inseticidas clorados na agricultura, o controle dessa praga ficou comprometido. Na tentativa de diminuir a aplicação de inseticidas e de empregar o controle biológico dessa praga, surgiu a ideia de desenvolver uma armadilha para ela, baseada no princípio da atração alimentar.

Almeida & Alves (1995) realizaram experimentos em que a armadilha Termitrap chegou a coletar 1.400 soldados e operárias. Trata-se de uma armadilha de papelão corrugado que recebe tratamento com determinado inseticida. Os cupins são incapazes de detectar a presença de certos agentes de controle microbiano e de alguns inseticidas químicos, como o fipronil ou imidacloprid. Com esse processo, eles se contaminam e, por trofolaxia, ingerem o elemento tóxico, contaminando outros indivíduos da colônia.

A isca Termitrap atrai também outras espécies, como *Syntermes* spp., *Nausitermes* spp., *Cornitermes* ssp., cupins de montículo e cupins urbanos. Ela serve tanto para o controle como para o monitoramento de áreas infestadas. Essa isca permite a localização dos focos de cupins, não sendo necessárias, portanto, aplicações em uma área total, o que torna o controle mais econômico e ecológico.

▶ **Armadilha**

Cada isca é constituída por um pedaço de papelão corrugado enrolado, formando um cilindro de 9 cm de diâmetro por 15 cm de altura. Deve ser impregnada com agente de controle microbiano ou com inseticida químico (Figura 27).

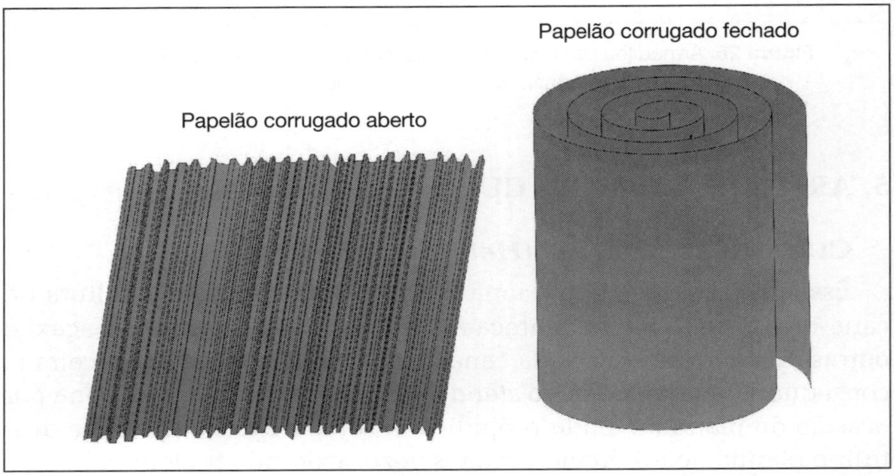

Figura 27. Armadilha para cupins de solo.

6. EMPREGO DE ARMADILHA PARA CONTROLE OU MONITORAMENTO DE MOSCAS-DAS-FRUTAS

As principais moscas-das-frutas de ocorrência no país são: *Anastrepha fraterculus* e *Ceratitis capitata*, a famosa mosca-do-mediterrâneo, que trouxe enormes prejuízos ao Estado da Flórida, Estados Unidos, no início de 1997.

Também conhecida como frasco caça-moscas, a armadilha para moscas-das-frutas com base em substância açucarada como atrativo é de uso popular nos pomares de frutas temperadas e cítricas.

▶ **Armadilha**

CONSTRUÇÃO

Pode ser construída com garrafas plásticas de refrigerantes, nas quais são feitos furos de aproximadamente 1 cm de diâmetro. Os furos podem ser abertos com um cone de madeira de 10 cm de comprimento e 1 cm de diâmetro. Aquece-se a garrafa com uma lamparina no local onde é introduzido o cone de madeira, a 10 cm do fundo da garrafa, até atingir o diâmetro especificado. Depois de feitos os furos, deve-se colocar a isca e levar as armadilhas para o campo (Figura 28).

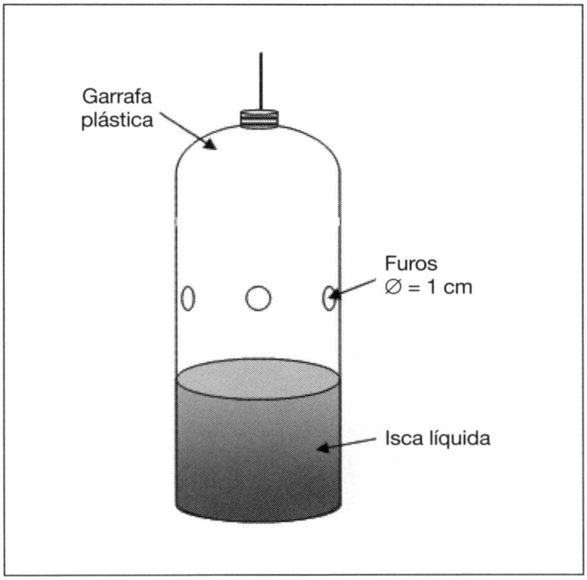

Figura 28. Frasco caça-moscas.

PREPARO DA ISCA

Devem-se misturar bem 100 litros de água e 7 litros de melaço, ou 30% de suco de laranja mais 10% de açúcar cristal, ou 100 litros de água e 1 quilograma de proteína hidrolisada.

No caso de citros, devem-se instalar as armadilhas sobretudo nas variedades precoces, a fim de detectar o momento de surgimento das moscas no pomar. Uma vez comprovada a ocorrência da praga, deve-se realizar a "benzedura" das plantas por meio de aplicação de cerca de 150 ml da solução-isca por copa de árvore. Deve-se repetir a aplicação a cada cinco dias. Nas variedades tardias, em geral o controle é iniciado quando os frutos atingiram seu tamanho máximo, mas ainda não amadureceram.

Qualquer que seja o tipo de isca empregado, deve-se utilizar um inseticida. Os mais usados têm sido: DDVP (DDVP 600 CE), etion (Ethion 500 Rhodia agro), fention (Lebaycid 500), malation (Malatol 250 PM, Malatol 500 CE) e triclorfon (Dipterex 500, Triclorfon Defensa).

Deve-se lembrar que, na florada, não é recomendável o uso dos inseticidas, por prejudicar as abelhas.

7. ARMADILHA PARA MOSCA-DO-ORIENTE (*Bactrocera carambolae*)

Bactrocera carambolae é um inseto da ordem Diptera e da família Tephritidae. O adulto dessa mosca é pouco maior que uma mosca-doméstica (cerca de 8 mm). Apresenta cor amarela brilhante, com duas manchas pretas no tórax e no abdome e asas claras, com faixa escura na base, junto à nervura anal. As larvas são esbranquiçadas, com onze segmentos. Desenvolvem-se em três estágios, e o terceiro consegue dar saltos para sair do fruto. A pupa é castanho-amarelada, com 5 mm de comprimento. A transformação da larva em pupa em geral ocorre no solo. Os ovos são brancos e colocados em grupos de 3 a 30 na polpa das frutas.

As fêmeas dessa espécie colocam cerca de 140 ovos por dia. Durante toda a sua vida, podem pôr até mil ovos.

No Brasil, o Ministério da Agricultura e a Secretaria de Defesa Sanitária Vegetal, bem como a Fundecitros, conhecendo o problema, estabeleceram um programa de monitoramento em áreas de risco de introdução da praga.

Acredita-se que já tenha sido introduzido no país, pois já se encontra em um país vizinho, a Guiana Francesa.

▶ Armadilha

Trata-se de uma armadilha de feromônio cuja substância ativa na atração de machos é o metileugenol. Esta substância foi utilizada com sucesso no Japão, para erradicação da espécie na Ilha de Okinawa. O processo de captura é o mesmo utilizado para as demais moscas-das-frutas, mudando apenas o atrativo.

8. ARMADILHA PARA BICHO-FURÃO EM CITROS (*Ecdytolopha aurantiana*)

O modelo da armadilha segue o esquema padrão (Figura 24), variando apenas o feromônio, que é específico para cada espécie de inseto. É comercializado pela Fundecitros com o nome de Ferocitros furão. Tem sido usado basicamente para monitoramento.

9. ARMADILHA PARA A LAGARTA DO BICHO-MINEIRO DOS CITROS (MARIPOSA) (*Phyllocnistis citrella*)

O modelo da armadilha segue o esquema padrão (ver Figura 24). Varia o feromônio, específico para cada espécie. É também comercializado pela Fundecitros.

10. ARMADILHA PARA MOSCA-DO-CHIFRE (*Hematobia irritans*)

Desde que entrou no país, entre 1976 e 1978, a mosca-do-chifre tem causado sérios prejuízos à pecuária brasileira. Trata-se de um inseto originário dos Estados Unidos, onde é conhecida como Horn Fly. Sua introdução no Brasil se deu pela Venezuela e Guiana, sendo detectada de início no Estado de Roraima. Sua disseminação foi muito rápida, estimada em 100 a 140 km por ano. Na época atual, ela está presente em praticamente todo o território nacional.

▶ Danos

A mosca é hematófaga, isto é, alimenta-se de sangue, e ataca preferencialmente o gado bovino, mas pode também molestar ovinos, caprinos, equinos e caninos.

O adulto da mosca-do-chifre é um inseto que mede cerca de 4 mm e permanece sobre o animal dia e noite, sobretudo nas partes do corpo onde a cabeça e a cauda não podem alcançar e espantar as moscas. Essas partes são o cupim, o pescoço e o ventre, como mostra a Figura 29.

Cada animal é atacado por uma alta população de moscas, que pode variar de 3 a 10 mil indivíduos. Atacam em especial animais doentes e de coloração escura. A alimentação é feita durante as horas mais frescas do dia; durante as horas mais quentes, as moscas abrigam-se nas pernas e no ventre do animal.

Esses insetos provocam irritação cutânea e agitação nos animais, devido a sua picada dolorida. Cada mosca pode picar até quarenta vezes por dia. Os bovinos atacados ficam irrequietos, andam o tempo todo, esfregam-se em arbustos ou plantas, em uma tentativa de livrar-se dos insetos. Com esse comportamento, o gado se alimenta menos e emagrece. A produção de leite pode diminuir em cerca de 10 a 40%, dependendo do nível populacional da praga.

Os ovos são colocados nas fezes frescas, e o desenvolvimento da larva e da pupa se dá em seu interior; elas vão secando até a emer-

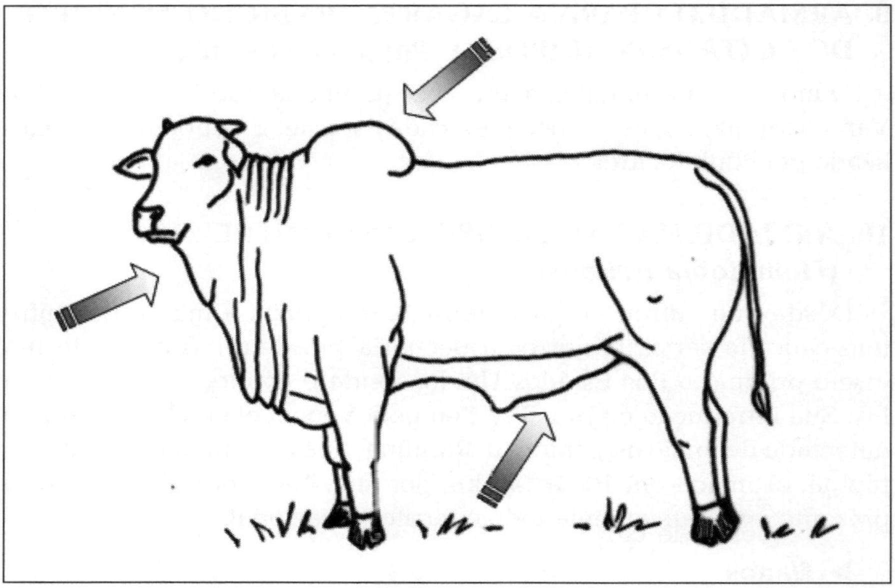

Figura 29. Locais de ataque da mosca-do-chifre no corpo do bovino.

gência do adulto. Em condições ótimas, o ciclo completo da mosca é de duas semanas.

Assim que o adulto emerge, passa a atacar o gado, abandonando-o apenas para realizar a postura de ovos em suas fezes.

▶ Armadilha

Um método alternativo de controle foi desenvolvido pela Estação Experimental de Zootecnia de São José do Rio Pardo, SP. Trata-se de adaptação de um modelo de armadilha norte-americano.

Basicamente, a armadilha é um túnel escuro com pequenas frestas laterais por onde passam feixes de luz. O animal entra nesse corredor e, em sua passagem, roça o dorso em tiras de plástico ou borracha penduradas no teto, as quais têm a função de espantar as moscas. Estas, ao procurarem a luz, entram pelas frestas das paredes laterais da armadilha e ficam presas em caixotes verticais cercados de tela, onde morrem por falta de alimento ou pela ação de produtos químicos aí aplicados.

Podem-se ainda adaptar três bicos pulverizadores direcionados às três regiões onde se localizam as moscas para espantá-las no interior do corredor. A pulverização pode ser feita simplesmente com água.

Uma grande virtude dessa armadilha é o fato de os animais não serem expostos sistematicamente à ação de inseticidas, o que garante melhor qualidade da carne e do leite.

SISTEMÁTICA DE USO DA ARMADILHA

Deve-se instalar a armadilha em um local de trânsito obrigatório de animais, como o caminho do bebedouro.

Inicialmente, deve-se fazer os animais passarem pela armadilha todos os dias. Quando se notar visível diminuição do número de moscas, a passagem poderá ser feita a cada dez dias, prazo suficiente para romper o ciclo dessa espécie. Desse modo, a cada dez dias seria obtida uma geração diferente, que não foi selecionada, o que dificultaria a evolução da resistência aos produtos químicos utilizados para a pulverização das laterais da armadilha ou mesmo do gado, se necessário.

O esquema de construção e funcionamento está descrito na Figura 30.

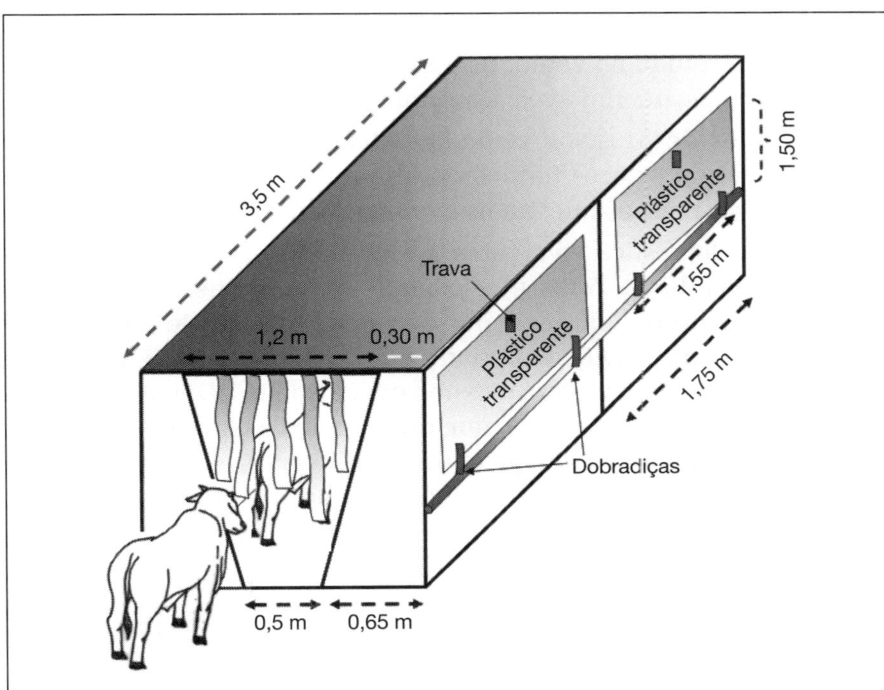

Figura 30. Armadilha para mosca-do-chifre.

11. ARMADILHA PARA MOSCA-DOMÉSTICA (*Musca domestica* L.), MOSCA-DO-ESTÁBULO (*Stomoxys calcitrans* L.) E FALSA-MOSCA-DO-ESTÁBULO (*Muscina stabulans* L.)

Essas espécies são de grande incômodo em residências próximas a criadouros de animais e locais de acúmulo de esterco.

Musca domestica consome tanto fezes quanto alimentos sadios. Ela se reproduz com facilidade em esterco, montes de lixo, matéria orgânica em decomposição e fezes de animais. Essa espécie tem potencial para transmitir febre tifoide e paratifoide, disenteria bacilar, cólera, carbúnculo hemático, mastite bovina, conjuntivite, poliomelite e outras doenças.

Stomoxys calcitrans ocorre mais em equinos, sendo menos frequente em suínos e bovinos. Provoca ferimento nos animais, ao sugar seu sangue. Os ferimentos causam um estresse nervoso no gado, que deixa de se alimentar normalmente e perde peso; a produção de leite diminui, podendo até secar; e o gado pode tornar-se anêmico. Outros males devidos a essa mosca são a transmissão de stafilococos, streptococos, pasteurelose e raiva, o que pode aumentar a mortalidade de bezerros, sobretudo no verão. Esse díptero também é o vetor de ovos da mosca-do-berne. Em aves, transmite varíola e difteria aviária.

Os adultos de *Muscina stabulans* alimentam-se de frutas ou da seiva que sai de troncos feridos ou de brotos atacados por pulgões. Podem causar miíases intestinais e miíases secundárias cutâneas.

A mosca-doméstica vive cerca de 30 dias, em média; tem capacidade de voo de 3 a 5 km e velocidade em torno de 8 km/h. Cada fêmea põe perto de 150 ovos por vez, podendo pôr de 600 a 2.000 ovos durante toda a vida. O período de ovo dura cerca de 25 horas e as larvas atingem o tamanho máximo em cinco dias. Depois deste período, entram na fase de pupa que dura de três a cinco dias, quando, então, surgem os adultos. Logo após o nascimento, as fêmeas iniciam a postura de ovos. Dessa forma, dentro de nove a onze dias, a partir dos ovos, novas gerações começam a se reproduzir.

▶ Armadilha

A armadilha foi proposta por Ribeiro & Santos (1984) e consiste simplesmente de uma "chocadeira" de ovos controlável pelo homem. O fator atrativo é o substrato para oviposição, ou seja, as moscas são atraídas pelo esterco não curtido para colocar seus ovos.

Apresenta bons resultados quando localizada próximo a estábulos, pocilgas e outros focos. Sua eficiência é tanto maior quanto menor é o número de focos naturais. Portanto, é essencial a eliminação destes focos, para que as moscas procurem a armadilha para depositar seus ovos.

As larvas que surgem devem ser eliminadas, para impedir que completem o ciclo. Elas também podem ser úteis como alimento para peixes.

O esterco atrativo deve ser trocado a cada duas semanas. As larvas devem ser removidas ou eliminadas diariamente, operação que não requer mais de 15 minutos.

CONSTRUÇÃO

A armadilha deve ser construída a uma distância de 10 a 30 m dos estábulos ou pocilgas. O sentido do comprimento deve ser leste-oeste, para evitar a penetração de raios solares pelas laterais e a consequente dessecação do esterco.

É uma casinha com 3 m de comprimento, 2 m de largura e 1,7 m de pé-direito. Essa cobertura protege uma plataforma sobre a qual é depositado o esterco atrativo. Mede 1,9 m × 1,2 m, localiza-se a 0,60 m de altura em relação ao piso e contém frestas de 1 cm de largura, para possibilitar que as larvas caiam no piso, o qual, por sua vez, deve ter um pequeno desnível, para facilitar a limpeza. Deve-se cercá-la com uma beirada de 20 cm, para evitar que as larvas saiam (Figura 31).

FUNCIONAMENTO

Coloca-se sobre a plataforma com frestas uma camada de esterco sem curtir, que não deve ultrapassar 8 a 10 cm de espessura, para facilitar a descida das larvas para o piso. Quando muito espessa, a camada facilita a produção de grande quantidade de pupas; quando muito fina, o esterco seca com rapidez e perde o poder atrativo. Qualquer esterco pode ser usado, porém o mais atrativo para as moscas é o suíno. Para aumentar a eficiência, podem-se fazer irrigações do esterco com água açucarada.

12. ARMADILHA PARA VESPA-DA-MADEIRA (*Sirex noctilio*) E SUA UTILIZAÇÃO NA CULTURA DO *Pinus*

O setor florestal da Região Sul do país vem mostrando grande preocupação com a espécie *Sirex noctilio*, a vespa-da-madeira, desde seu primeiro surto no Brasil, que aconteceu em Gramado, RS, em 1988.

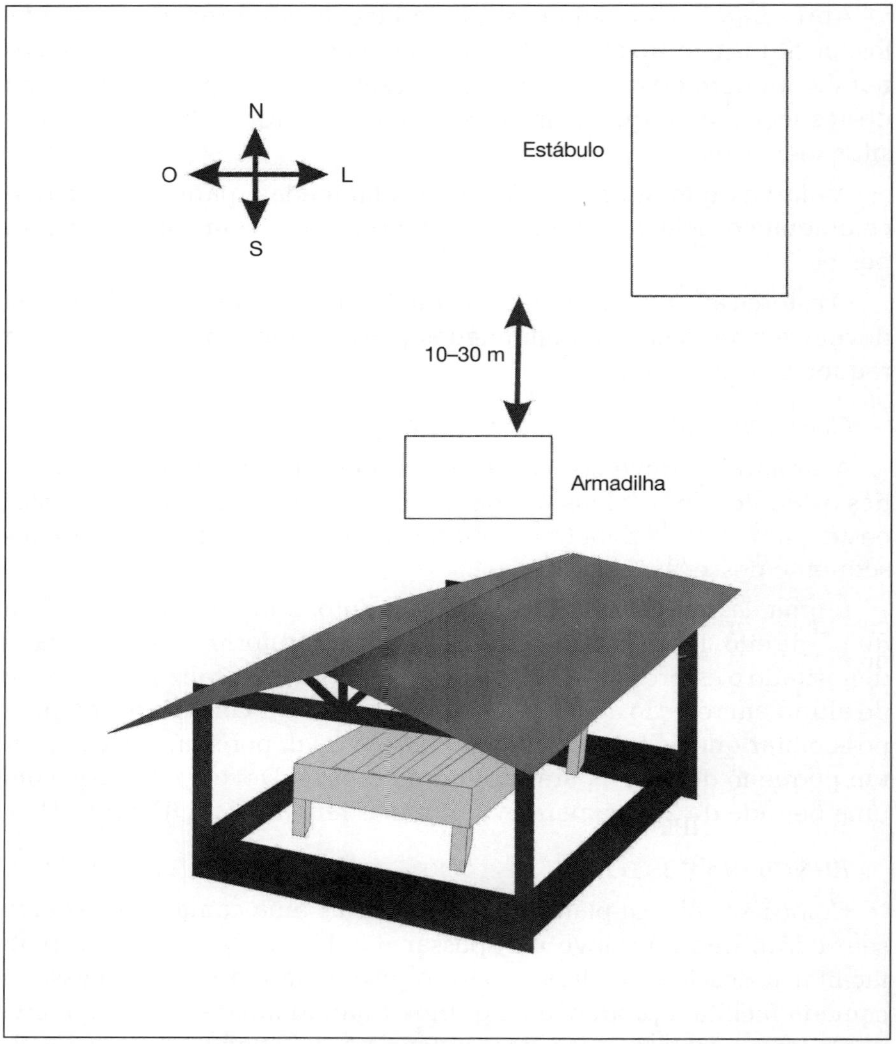

Figura 31. Armadilha para coleta de larvas de moscas.

Nessa região há aproximadamente 1 milhão de hectares reflorestados com espécies do gênero *Pinus*, daí a importância da ameaça que essa praga representa para a região, que tem como uma das principais atividades econômicas a exploração florestal. A ocorrência dessa praga abalaria o setor de produção de madeira, móveis, chapas, compensados, lâminas, papel e celulose (Ribas Junior, 1992).

▶ A praga

É uma espécie nativa da Europa, Ásia e norte da África. Em 1900, estabeleceu-se na Nova Zelândia, onde ocorreu grande mortalidade de árvores devido a essa praga até 1940. Em 1952, a vespa-da-madeira foi introduzida na Austrália, onde foram feitas várias tentativas para erradicar a praga, as quais não alcançaram sucesso. Nesse país, foi criado o National Sirex Fund para desenvolver pesquisas de controle da praga.

Sirex noctilio pertence à ordem Hymenoptera, subordem Synphyta, família Siricidae. Ela se desenvolve dentro do tronco de várias espécies. Sua dispersão está estimada em 30 a 50 km por ano, mas pode ser muito maior, com o transporte de árvores infestadas. Portanto, é inevitável sua ocorrência em todas as áreas com *Pinus* no Brasil.

Os insetos adultos emergem no verão e no início do outono. Após a emergência, os machos vão para o topo das árvores e se aglomeram ao redor da copa. As fêmeas são atraídas para essas aglomerações para realizar a cópula. Depois de fecundadas, elas voam para os troncos das árvores, perfuram-nos com seu ovipositor e colocam seus ovos no alburno. Uma fêmea pode colocar de 300 a 500 ovos em dez dias. O ciclo biológico completo pode levar de um a dois anos.

▶ Armadilha

Com base na preferência da mosca por atacar árvores estressadas, a Embrapa-CNPF desenvolveu uma armadilha cujo fator atrativo é a própria árvore estressada. Para isso, basta realizar um anelamento em seu tronco ou aplicar um herbicida desfolhante – o Dicamba é o mais indicado.

Devem-se instalar as árvores-armadilhas dois meses antes do pico populacional de adultos, que ocorre em geral em novembro ou dezembro no Sul do país. Portanto, os meses de agosto e setembro são os mais recomendados.

Em áreas onde a praga está presente, bem como naquelas distantes até 10 km do foco, devem-se instalar grupos de cinco árvores a cada 500 m. Em distâncias maiores, de 11 a 50 km do foco, os grupos de árvores devem ser instalados a cada quilômetro. Acima de 50 km do foco, sobretudo em áreas de fronteira, os grupos devem ser instalados a cada 10 km.

A instalação deve ser feita em locais de fácil acesso e deve abranger toda a área do reflorestamento.

13. ARMADILHA PARA FORMIGAS-CORTADEIRAS (SAÚVAS E QUEM-QUENS)

A pulverização de uma calda contendo 0,5% de inseticida à base de fipronil sobre as formigas que transportam folhas para o interior de seus ninhos pode comprometê-las, contaminando todo o fungo que serve de suporte a uma casta muito importante, que é a das jardineiras. Quando contaminadas, elas morrem e o fungo se degenera por falta de assistência, impedindo que sirva de alimento à população. Assim, o ninho pode autodestruir-se. Quanto maior o número de carregadeiras contaminadas, tanto mais eficiente é o processo. A vantagem desse inseticida é que ele atua basicamente por ingestão, não sendo percebido pelas formigas, que levam suas partículas para o interior do ninho.

Esse processo é mais eficiente do que a isca tóxica para saúvas das espécies *Atta capiguara* e *Atta bisphaerica*, que não têm preferência pela isca à base de bagaço de laranja, pois preferem folha da cana-de-açúcar.

Esse sistema ainda apresenta a vantagem de poder ser empregado independentemente das condições do tempo. Basta encontrar o sauveiro ou quem-quenzeiro em plena atividade. Além disso, havendo necessidade, pode-se fazer o repasse, o que não se consegue com iscas, pois em geral as formigas não as carregam mais quando percebem que já as prejudicaram anteriormente.

14. ISCAS TÓXICAS

PARA SAÚVAS

Uma das formas de controle de saúvas mais usadas são as iscas. As mais eficientes apresentam a seguinte composição:

- Bagaço de laranja seco: 10 kg;
- Óleo de soja: 3%;
- Inseticida: sulfuramida a 0,3% ou fipronil a 0,003% do ingrediente ativo.

Observação: É necessário prensar a massa, formando *pellets*.

PARA BESOURO-DO-MORANGO (*Lobiopa*), GRILOS E PAQUINHAS

- Farelo de trigo: 5 kg;
- Açúcar: 0,5 kg;

- Inseticida: Triclorfon 0,2 L;
- Água até formar uma pasta.

Observação: Colocar as iscas em recipiente raso entre as plantas.

Para mariposas ou besouros

- Melaço: 0,5 kg;
- Água: 10 L;
- Inseticida: Metomil 0,1 kg.

Observação: Respingar sobre as plantas.

4

Armadilhas para insetos domésticos

1. ARMADILHAS PARA PERNILONGOS

Como se sabe, os pernilongos são insetos da família Culicidae, subordem Nematocera, ordem Diptera. As espécies mais comuns pertencem aos gêneros *Culex*, *Aedes* e *Anopheles*. Além de sua simples presença ser incômoda e irritante, as fêmeas dessas espécies picam a pele, provocando reações alérgicas, como pruridos, e podem transmitir doenças como dengue, encefalite, febre amarela e malária. Os machos em geral apresentam o aparelho bucal com conformação diferente e por isso não sugam sangue.

As fêmeas são atraídas às suas vítimas pela temperatura corporal e pelo gás carbônico emitido na respiração. Segundo Thompson (1991), grande número de espécies possui hábitos noturnos e o pico de atividade normalmente se dá entre as 18 e as 20 horas. Em experimentos conduzidos por esse autor, a maior parte dos indivíduos é capturada a cerca de 1,37 m de altura.

▶ Armadilha 1

O dispositivo de atração é uma lâmpada do tipo *black light*, de 15 watts, alimentada pela corrente elétrica de 110 ou 220 volts.

O dispositivo de morte e captura de insetos é composto por uma grade de fios metálicos isolados entre si, mas alimentados individualmente por energia elétrica com alta voltagem e baixa intensidade.

Essa grade é montada de modo que circunde a lâmpada, de tal forma que os insetos atraídos pela luz necessitem passar entre seus fios para chegar à lâmpada. A corrente elétrica utilizada deve ser de 15 amperes e 7,5 volts e deve ser instalada fora do alcance de crianças para evitar acidentes (Figura 32).

Figura 32. Armadilha de eletrocussão para pernilongos.

A armadilha não apresenta índices tão altos de eficiência. No entanto, pode ser uma das poucas alternativas para pessoas com problemas respiratórios ou para aquelas sensíveis aos inseticidas comerciais para controle de pernilongos.

▶ Armadilha 2

Outra forma de capturar mosquitos é com a chamada armadilha com breu. Ela é constituída de retângulos de papelão de 10 cm por 7 cm, os quais devem ser impregnados com cola especial e pendurados junto aos lustres e em outros lugares onde haja mosquitos e outros insetos.

A fórmula de cola especial é esta:

- 10 g de óleo de soja;
- 2 g de cera de abelha;
- 28 g de breu;
- 2 g de mel.

Pode ser usada também uma cola Sticky, encontrada no mercado com o nome de Tangle-trap.

▶ Armadilha 3

Juntamente com a lâmpada, é colocado um exaustor. Quando os pernilongos se aproximam da luz, o exaustor suga os insetos, jogando-os em um saco telado que os aprisiona.

▶ Armadilha 4

Foi idealizada por Donatti & Castro Gomes (2007). Trata-se de uma armadilha para captura de adultos, batizada com o nome de Adultrap. Tem forma cilíndrica, cor escura, e apresenta três compartimentos: um para colocação da isca, outro para entrada dos adultos e outro para mantê-los aprisionados (Figura 33).

▶ Armadilha 5

Idealizada pelo professor Cabral (UFRJ), aproveita a garrafa pet de 1,5 a 2 litros. É cortada em um ponto que permite inverter a parte cortada, atuando como uma espécie de funil. A parte interna do funil deve ser raspada, deixando a superfície grosseira, para permitir que a fêmea possa fixar os ovos nesses locais.

Para fixar o funil invertido com a base da garrafa, usa-se fita isolante ou fita crepe. Em seguida, com um pedaço grande de tule, tapa-se a boca, para evitar a fuga do inseto, que irá se desenvolver no interior da garrafa. Antes de fixar o funil, coloca-se um *pellet* de ração para gatos (mais adequado), que constitui o atrativo para que as fêmeas façam oviposição próximo ao líquido. Ao colocar água, esta deve ultrapassar o nível da boca do funil.

A armadilha confeccionada deve ser colocada em ambiente sombreado, onde os mosquitos se abrigam.

As larvas que nascem por esse processo vão para a água contendo a ração dissolvida, alimentam-se e, após sua transformação em pupa, não conseguem sair desse criadouro, razão do processo (Figura 34).

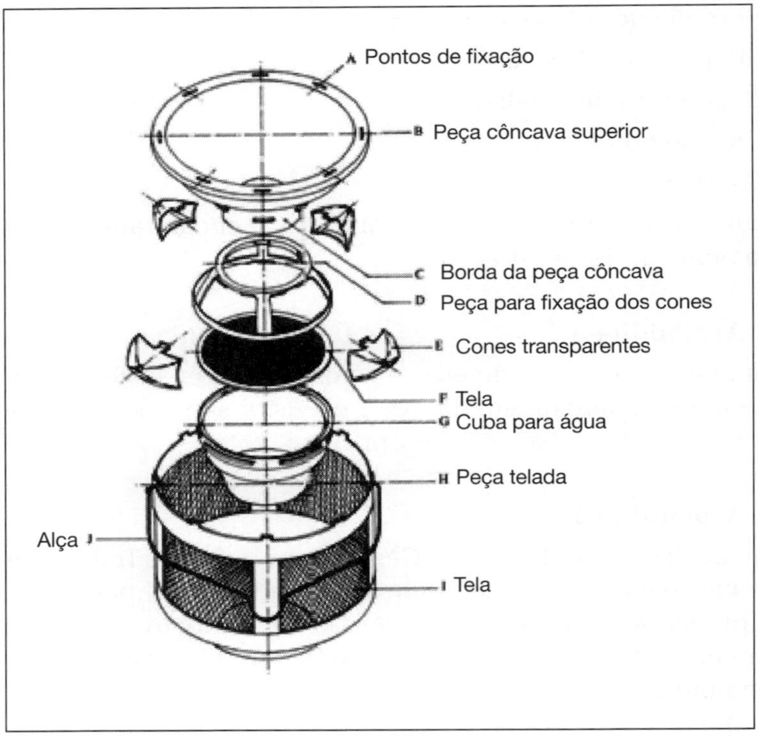

Figura 33. Armadilha para *Aedes* segundo Donatti e Castro Gomes (2007).

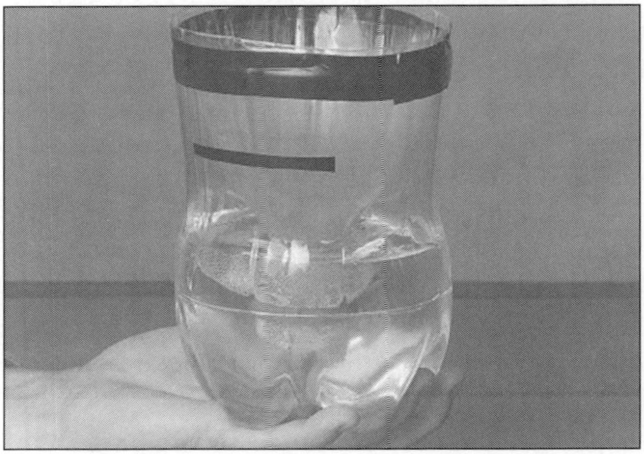

Figura 34. Armadilha para *Aedes* segundo Maulori Cabral, do Departamento de Virologia da UFRJ (2008).

2. ARMADILHAS PARA MOSCAS QUE MOLESTAM O HOMEM

MOSCA-DOMÉSTICA EM ESTABELECIMENTOS COMERCIAIS E RESIDÊNCIAS URBANAS

Muitos estabelecimentos comerciais colocam sacos plásticos transparentes contendo água (1 a 2 litros) nas portas, para impedir a entrada de moscas.

Tal princípio é baseado na reflexão da luz solar, pois elas recebem a luz e são repelidas porque perdem o controle do voo. Grutzmacher & Nakano (1997) constataram repelência de 80% e consideram esse método interessante para repelência da mosca-doméstica.

3. ARMADILHA LUMINOSA DE SUCÇÃO PARA CAPTURA DE FLEBOTOMÍNEOS

Os insetos do gênero *Phlebotomus* pertencem à família Psicodidae, ordem Diptera. As espécies representantes são hematófagas. Suas picadas transmitem ao homem microrganismos causadores de várias doenças, dentre elas, a leishmaniose-americana, mais conhecida como úlcera-de-bauru. O inseto é popularmente conhecido como mosquito-palha, mosquito-birigui ou birigui.

▶ Armadilha

Aguiar et al. (1985) adaptaram o modelo de Sudua & Chamberlain, chamado de CDC-miniatura, com o objetivo de obter menor custo, maior facilidade de manuseio e desempenho. A armadilha serve para coleta e estudos de flutuação e levantamento populacional desses mosquitos (Figura 35).

Material utilizado para sua construção:

- tubo de PVC de 4" com 20 cm de comprimento;
- luva de PVC de 4";
- válvula de pia por onde entram os insetos;
- tela para impedir que atinjam a hélice;
- suporte de plantas para o chapéu (protetor da armadilha);
- haste de sustentação inteiriça de PVC;
- suporte de lâmpada de PVC;
- três parafusos para prender o chapéu e dois para conectar a haste;
- fitas aderentes autocolantes para firmeza entre o corpo e a haste;

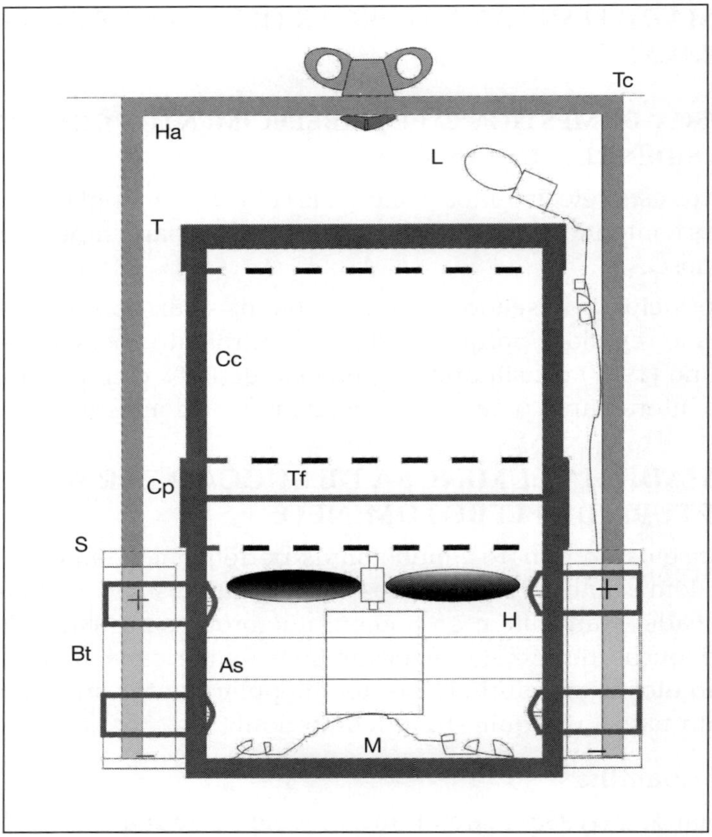

Figura 35. Seção longitudinal da armadilha CDC modificada (As – suporte do motor; Bt – baterias; Cc – câmara de captura; Cp – corpo principal; H – hélice; Ha – haste de alumínio; L – lâmpada; M – motor; S – suporte; T – tampa; Tc – tampa de proteção contra chuvas; Tf – tela de malha fina; Tg – tela de malha grossa).

- funil de plástico branco colocado na entrada da câmara coletora;
- motor de 9 volts de toca-fitas;
- hélice de alumínio;
- suporte para quatro pilhas grandes, para alimentar o motor colocado na luva;
- suporte para duas pilhas pequenas, para alimentar a lâmpada;
- lâmpada de 6 volts;
- conversor de voltagem de 110/220 volts para 6 volts;
- saída.

FUNCIONAMENTO

Os insetos são atraídos pela luz emitida e entram pelo funil, succionados pelo vácuo formado pela hélice. São mantidos na caixa coletora e impedidos de atingir a hélice por uma tela.

4. ARMADILHAS PARA BARATAS

É importante ressaltar que as baratas, além de serem insetos extremamente repulsivos, são transmissoras potenciais de doenças, uma vez que caminham pelos esgotos e pelos alimentos, indistintamente.

Esses insetos com frequência estão presentes em residências e estabelecimentos comerciais, como restaurantes, padarias e supermercados. Nesses locais, o ideal é não controlar os insetos com defensivos, para não correr o risco de contaminar os alimentos. Como forma alternativa de controle, foram desenvolvidos diversos modelos de armadilhas.

▶ Armadilha modelo Ibis

A armadilha Ibis é confeccionada com plástico duro, chapas de alumínio e tampas de acrílico, e é dividida em três partes:

- primeiro alçapão;
- segundo alçapão;
- tampa transparente com lente.

FUNCIONAMENTO

No primeiro alçapão é colocada a isca, que podem ser alimentos doces ou cebolas, no caso de haver formigas no local.

A barata entra no primeiro alçapão atraída pela isca e, para tentar fugir, sobe para o segundo alçapão, onde é interessante que ela permaneça, para atrair outras baratas com seu cheiro.

Basta colocar a armadilha sob o sol, que em cinco a dez minutos as baratas morrem, devido ao calor dos raios solares que passam pela lente de acrílico da tampa. Após a morte, devem ser jogadas no lixo.

MASSA TÓXICA

A massa tóxica consiste de uma mistura de diversos atrativos. Contém farinha de trigo, cebola, cerveja, queijo e outros atrativos e ainda uma quantidade de ácido bórico que pode chegar a 15%.

Esse ácido, quando ingerido pelas baratas, afeta sua flora intestinal, provocando sua morte.

Colocam-se as massinhas presas ao fundo dos armários e prateleiras, locais de acesso às baratas. Existe no mercado uma massa vendida por quilo, conhecida comercialmente como massa para barata Águia.

Há ainda outros tipos de armadilhas importadas, como a da Agrisense Biological Control Systems, que consiste de uma caixa de papelão com uma poderosa isca que atrai as baratas, as quais ficam retidas na cola e morrem na caixa.

5. ARMADILHAS PARA ABELHAS (*Apis melifera*)

Apis melifera é uma das principais espécies de insetos úteis e é criada no mundo inteiro. Também conhecida por abelha-de-mel, ou abelha-europa, é um inseto social, com hábitos peculiares, que permitem sua criação massal sem a necessidade de um laboratório de criação. Deste modo, pode ser criada no campo, em instalações simples, denominadas de apiário, para produção de mel, própolis e geleia real. Também pode ser criada com o intuito de polinizar culturas comerciais, como maçãs e citros, por exemplo.

PARA ATRAÇÃO DE ENXAMES

Quando o espaço físico de uma colmeia torna-se limitante para o crescimento da colônia, ou quando a colmeia se sente ameaçada, as abelhas tendem a enxamear, ou seja, a migrar para outro local e nele se instalar. Assim que percebem que o espaço está limitado, ou quando desejam dividir a colônia, procuram um local ideal para formar uma nova colmeia. Os insetos que exploram o local adequado para essa finalidade transmitem essa informação a outros indivíduos de sua colônia e, no momento ideal para a migração, as abelhas voam com sua rainha para o novo local. No processo de escolha desse local, elas dão preferência a ambientes protegidos e com poucas aberturas, as quais devem estar do lado contrário dos ventos predominantes e, se possível, voltadas para o leste. O espaço interno deve permitir a construção de favos e as paredes externas devem apresentar propriedades de isolamento térmico, como a madeira e o papelão. Aproveitando esses conhecimentos, os apicultores usam iscas para capturar os enxames que normalmente ocorrem na natureza utilizando caixas-iscas.

Podem ser usadas caixas de papelão grosso com pedaços de própolis no interior e com uma pequena abertura em um dos lados, para que as abelhas adentrem. Os apicultores costumam esfregar erva-cidreira na superfície da caixa para aumentar ainda mais a atratividadede. Essas caixas devem ser colocadas em locais protegidos de intempéries e, sempre que possível, a abertura deve estar de frente para o lado em que o sol nasce. Quando se localiza uma colmeia silvestre, deve-se instalar a caixa a cerca de 150 m de distância, pois observações práticas nos mostram que essa é a distância ideal ou aquela que as abelhas preferem. Uma vez que elas tenham se instalado nesse local e iniciado a construção de favos, deve-se proceder à mudança para a caixa ou ninho definitivo.

Caixas Langstroth velhas de cor azul-clara ou amarela impregnadas com própolis são excelentes iscas, porque, além de atrair as abelhas, dispensam o trabalho de transferir a colônia.

PARA ATRAÇÃO DE INDIVÍDUOS

Muitas vezes, em centros urbanos, locais comerciais são molestados por abelhas, como padarias e sorveterias. As moradias desses indivíduos que vão buscar seu alimento em pães e doces muitas vezes são de difícil localização ou estão situadas no alto de postes metálicos ou no interior de paredes, locais impossíveis de se alcançar. Para acabar com as abelhas desses estabelecimentos comerciais, pode ser usada uma armadilha que consiste de um funil acoplado a um recipiente no interior do qual é colocada uma isca, que pode ser mel ou xarope de açúcar. O funil deve ser de cor atrativa para as abelhas, de preferência amarela, e deve ter 12 cm de comprimento, 10 cm de diâmetro maior e 0,6 cm de diâmetro menor, para que, após entrarem no recipiente acoplado, elas não consigam sair (Figura 36).

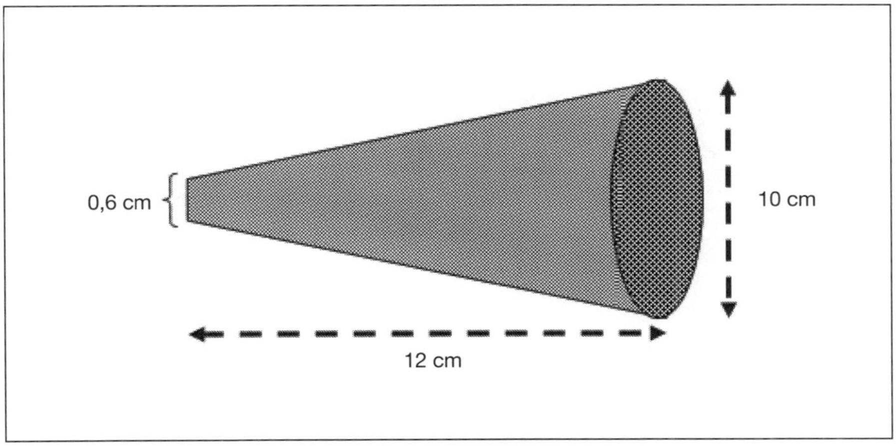

Figura 36. Cone de captura de abelhas.

É recomendável que as armadilhas sejam instaladas próximo aos balcões onde estão os alimentos. Devem ser utilizadas por vários dias, até que não haja mais abelhas. É interessante que sejam usadas várias unidades das armadilhas no estabelecimento.

GLOSSÁRIO DE TERMOS TÉCNICOS

Apiário	Instalação de campo onde se distribuem as colmeias de abelhas-de-mel.
Carbaril	Inseticida do grupo dos carbamatos.
Cartap	Inseticida do grupo dos tiocarbamatos.
Coleobrocas	Insetos pertencentes à ordem coleóptera cujas larvas abrem galerias no interior de órgãos vegetais, como ramos ou troncos de árvores.
Coleoptera, coleóptero	Ordem de insetos aos quais pertencem os besouros, serra-paus, rola-bosta, gorgulhos e escaravelhos.
Comprimento de onda	Propriedade da onda que determina a cor da luz.
Coprófagos	Insetos que se alimentam de fezes.
DDVP	Inseticida fosforado.
Diptera	Ordem de insetos à qual pertencem as moscas, os mosquitos e os pernilongos.
Entomologia	Ciência que estuda a classe insecta, ou os insetos.
Feromônio	Composto volátil que transporta mensagem olfativa entre os insetos.

Feromônio sexual Substância produzida por um dos sexos com a função de atrair e orientar indivíduos do sexo oposto.

Fipronil Inseticida do grupo dos pirazóis.

Floeófago Inseto que se alimenta essencialmente do floema das árvores.

Fototropismo Característica de um inseto de ser direcionado pela luz.

Hematofagia Ação de um organismo de se alimentar de sangue.

Heteroptera, heteróptero Ordem de insetos à qual pertencem os percevejos.

Himenoptera, himenóptero Ordem de insetos que agrupa as vespas, abelhas e formigas.

Homoptera, homóptero Ordem de insetos à qual pertencem as cigarras, cigarrinhas, pulgões e cochonilhas.

Isoptera, isóptero Ordem de insetos à qual pertencem os cupins.

Larva É o primeiro estádio pós-embrionário de desenvolvimento do inseto.

Lepidoptera, lepidóptero Ordem de insetos à qual pertencem as mariposas e borboletas.

Ninfa Estádio de desenvolvimento dos insetos paurometabólicos que corresponde à fase larval em insetos holometábulos. As ninfas crescem e trocam de pele e, nas fases adiantadas, adquirem tecas alares e não passam por fase de pupa.

Necrófagos Insetos que se alimentam de cadáveres em processo de decomposição.

Metomil Inseticida carbamato com boa solubilidade.

Monitoramento Atividade desempenhada no campo que visa estimar, normalmente por métodos relativos, a população de insetos do local.

Monoterpenos Substâncias terpenoides exaladas pelas plantas.

Orthoptera, ortópteros	Ordem de insetos à qual pertencem os gafanhotos, esperanças, grilos, paquinhas e taquarinhas.
Pellets	Grânulos.
Própolis	Substância antibiótica confeccionada por abelhas a partir de substâncias extraídas das plantas.
Perfilho	Unidade componente de uma touceira de determinada planta gramínea.
Saprófito	Organismo que se alimenta de materiais orgânicos em decomposição.
Scolitidae, scolitídeos	Família de insetos coleópteros cujo representante mais popular é a broca-do-café *Hypothenemus hampei* (Ferrari).
Sticky	Cola.
Sulfluramida	Inseticida do grupo da sulfonamida.
Tangle-Trap	Armadilha com cola.
Taxonomia	Estuda a classificação dos insetos.
Triclorfon	Inseticida do grupo dos clorofosforados.

REFERÊNCIAS BIBLIOGRÁFICAS

ABREU, J. F. Fatores que influenciam na captura de *Erinnys ello* L. (Lepidoptera-Sphingidae) por armadilhas luminosas. *Revista Theobroma* 6(4). São Paulo, 1974.

ALMEIDA, J. E. M. & ALVES, J. B. Seleção de armadilhas para captura de *Heterotermes tenuis* (hagen). In: ANAIS DA SOCIEDADE ENTOMOLÓGICA DO BRASIL, Jaboticabal, v. 24, n. 3, p. 619-24, dez. 1995.

ANDREI, E. *Compêndio de defensivos agrícolas*. São Paulo: Organização Andrei Editora Ltda., 1995. 448p.

AGUIAR, G. M. de et al. Aspectos da ecologia dos flebótomos do Parque Nacional da Serra dos Órgãos, Rio de Janeiro. II. Distribuição vertical (Diptera, Psychodidae, Phlebotominae). *Memórias do Instituto Oswaldo Cruz*. Rio de Janeiro, v. 80, n. 2, p. 187-94, abr./jun. 1985.

AQUINO, J. S.; RAMALHO, F. de S.; NETO, J. M. & JESUS, F. M. M. Período de captura do bicudo-do-algodoeiro *Anthonomus grandis* Boheman por armadilhas de feromônios. *Ciência e Cultura*, 38(6), jun. 1986.

BERTELS, A. & MARTINS, J. F. S. Insetos-praga do arroz e seu controle. In: *Fundamentos para a cultura do arroz irrigado*. Campinas, SP: Fundação Cargill, 1985, p. 251-7.

BOTTRELL, D. G.; REEVES, R. E.; ALMONO, L. K.; HARDEE, D. D. & GROSS, W. H. Studies of the boll weevil populations and their movement in the high and holling plants of Texas using mele-baited traps. *Texas Agric. Exp. St.*, 1968.

CARRANO-MOREIRA, A. F. et al. Eficiência de dois modelos de armadilhas de impacto e influência da altura de instalação na coleta de Scolytidae (Coleoptera). *Revista Árvore*, Viçosa, v. 18, n. 3, p. 256-64, set./dez. 1993.

CASTAGNOLLI, N. *Criação de peixes de água doce*. Jaboticabal, SP: Funep, 1992. 189p.

CROSS, W. H.; LEGGETT, J. E. & HARDEE, D. D. Improvated traps for capturing boll weevil. *Coop. Econ. Ins. Rep.* 21: 367-8, 1971.

DE GRANDE, P. *Bicudo-do-algodoeiro: manejo integrado*. Dourados, MS: UFMS/Embrapa, Uepae, 1991.

DONATTI, J. E. & CASTRO GOMES. Adultrap: descrição de armadilha para adultos de *Aedes aegypti* (Díptera, Culicidae). *Ver. Bras. Entomol.*, v. 51, n. 2:1-4, 2007.

EMBRAPA. *Controle de broca-da-bananeira*. Porto Velho, RO: Embrapa, jul. 1992, 4p. (Comunicado Técnico nº 101).

GALLO, D.; NAKANO, O.; SILVEIRA NETO, S.; CARVALHO, R. P. L.; BAPTISTA, G. C. de; BERTI FILHO, E.; PARRA, J. R. P.; ZUCCHI, R. A. & ALVES, S. B. *Manual de entomologia agrícola*. São Paulo: Ed. Agron. Ceres, 1978. 531p.

GRUTZMACHER, A. D. & NAKANO, O. Comportamento da *Musca domestica* L., em relação ao uso de saco plástico transparente contendo água. In: ANAIS DA SOCIEDADE ENTOMOLÓGICA DO BRASIL, 26(3), 1997, p. 455-61.

HANDESRCHMIDT, I. Uso do tajujá e purungo como atraentes de vaquinhas em olericultura. *Horticultura Brasileira*, Brasília 3(2): 45, 1985.

HARDEE, D. D.; CROSS, W. H.; MITCHELL, E. B.; HUDDLESTON, P. M.; MITCHELL, H. C. J.; MERKL, M. E. & DAVICH, T. B. Biological factors influencing responses of the female boll weevil to the male sex pheromone in field and large cage tests. *Journal of Economic Entomology*, 62: 161-5, 1969.

HTTP//: rjtv.com/Jornalismo/RJTV/O, MUL347258-9101,00 html

KELLER, J. C. & LABRECQUE, G. C. *Advances in insect population control by sterile-male technique: report of a panel held in Vienna*. Viena: Iaea, 1965. 79p.

LLOYD, E. P. Ecologia do bicudo-do-algodoeiro. In: BARBOSA, S.; LUCKE-FAHR, M. J. & BRAGA SOBRINHO, R. *O bicudo-do-algodoeiro*. Brasília: Embrapa, 1986.

MARANHÃO, Z. C. *Entomologia geral*. São Paulo: Nobel, 1977. 514p.

MARQUES, E. N. *Scolytidae e Platypolidae em Pinus taeda*. Paraná: Universidade Federal do Paraná, 1984. 95p.

MATIOLI, J. C. Armadilhas luminosas: uma alternativa no controle de pragas? *Informe Agropecuário*/Epaming, Belo Horizonte, 12 (140): 33-9, ago. 1986.

MELO, A. B. P.; SILVEIRA NETO, S. & CARVALHO, R. P. L. Comparação de armadilhas e formulação de Grand Lure para coleta do bicudo-de-algodoeiro. *Pesquisa Agropecuária Brasileira*, Brasília, 22(9/10): 917-21, set./out. 1997.

MILANEZ, J. M. Atratividade e controle de *Diabrotica speciosa* (Germ. 1924) pelo uso da raiz de taiuiá na cultura do feijão. In: CONGRESSO BRASILEIRO DE ENTOMOLOGIA, VIII ENCONTRO DE ENTOMOLOGISTAS, I ENCONTRO SOBRE MOSCA-DAS-FRUTAS. Campinas, 1987, p. 293.

MORAES, R. H. P.; VEIGA, R. M. de O. & MARASSÁ, A. M. Adaptações em armadilhas entomológicas de sucção. *Mem. Instituto Butantã*, 51(3): 79-84, 1989.

MOURA, J. I. L. & SOUZA, L. A. de. Armadilhas tipo alçapão com isca de cana-de-açúcar mais melado para *Opsiphanes invirae* (Huebner, 1819, Lepdoptera: Nymphalidae: Brassolinae). *Agrotrópica*, Itabuna, v. 3, n. 1, p. 59-61, jan./abr. 1991.

NAKANO, O. Horta que virou pasto. *Revista Globo Rural*, ano 2 (16), jan. 1987.

NAKANO, O. A praga mais importante do algodoeiro. *Agroquímica*, (21), São Paulo, 1983.

NAKANO, O. Recomendações e experiências de controle do bicudo na região de Campinas, SP. In: DE GRANDE, P. *Bicudo-do-algodoeiro: manejo integrado*. Dourados, MS: UFMS, Embrapa/Uepaed, 1991, p. 59-66.

NASCIMENTO, A. S.; MESQUITA, A. L. M. & SAMPAIO, H. V. Planta armadilha no controle da coleobroca-dos-citros. *Informe Agropecuário*, v. 12 (140), ago. 1986.

NASCIMENTO, A. S.; SAMPAIO, H. V. & MESQUITA, A. L. M. Controle da broca-da-laranjeira *Cratossomus flavofasciatus*, Guerin, 1844 (Col.: Curculionidae) com planta armadilha. In: CONGRESSO BRASILEIRO DE FRUTICULTURA, 7., Florianópolis, 1983. *Anais*. Florianópolis, SBF/Empasc, 1984, p. 600-4.

NATAL, D.; MARUCCI, D.; REIS, I. M. dos & GALATI, E. A. B. Modificação de armadilhas CDC com testes para coletas de flebotomíneos (Diptera). *Revista Brasileira de Entomologia*. São Paulo: Sociedade Brasileira de Entomologia, 1991, 4(35), p. 697-700.

PAULO, A. D. Época de ocorrência de *Scrobipalpula absoluta* (Meyrick) (Lepidoptera-Gelechiidae) na cultura do tomate *Lycopersicum esculentum*, Mill. e seu controle. Piracicaba, SP, 1986. 70p. Dissertação (Mestrado). Escola Superior de Agricultura "Luiz de Queiroz".

PARRA, J. R. P.; SILVEIRA NETO, S.; ZUCCHI, R. A. & ALVES, S. B. Mosca-do-chifre – um problema adicional à pecuária brasileira. In: *Notícias da Escola Superior de Agricultura "Luiz de Queiroz"*, ano III, 14(8), 1990.

RIBAS JUNIOR, U. Prática de controle de vespa-da-madeira em povoamentos de *Pinus* do Sul do Brasil e efeitos de seu ataque nas propriedades da madeira de *Pinus taeda*. In: WORKSHOP "QUALIDADE DA MADEIRA EM PINUS". *Anais*. Piracicaba, 1992, 9(27): 91-8, 1993.

RIBEIRO, J. O. Armadilha para larvas de mosca-doméstica. *Informe Técnico*, Viçosa, 4(39): 1-4, nov. 1983.

RIBEIRO, J. O. & SANTOS, P. dos. Armadilha para mosca na fazenda. *Casa da Agricultura*, Campinas, v. 6, n. 3, p. 30-1, maio/jun. 1984.

SCARDINI, D. M. B. Armadilha luminosa no controle de pragas. *Balde Branco*, 18(223): 22-3, 1983.

SILVEIRA NETO, S. Flutuação da população e controle das principais pragas da família *Pyraustidae* com o emprego de armadilhas luminosas. Piracicaba, SP, 1969. 96p. Tese (Doutorado). Escola Superior de Agricultura "Luiz de Queiroz".

SILVEIRA NETO, S. & MATIOLI, J. C. Armadilhas luminosas: funcionamento e utilização. *Boletim Técnico*/Epamig, Belo Horizonte, 28, p. 1-44, abr. 1988.

SILVEIRA NETO, S.; NAKANO, O.; BARBIN, D. & VILA NOVA, V. *Manual de ecologia de insetos*. São Paulo: Ed. Agronômica Ceres, 1976.

SILVEIRA NETO, S. & PARRA, J. R. P. Amostragem de insetos e nível de dano de pragas. In: GRAZIANO NETO, F. (ed.). *Uso de agrotóxicos e receituário agronômico*. São Paulo: Agroedições, 1982. 194p.

SILVEIRA NETO, S.; PRECETTI, A. A. C. M.; BRAZ, A. J. B. P. & SANTOS, P. E. T. Flutuação populacional de *Grapholita molesta* (Busck) (Lepidoptera: Olethreutidae) em pessegueiro, com o uso de feromônio sexual sintético. *Anais da Sociedade Entomológica do Brasil*, 10(1): 43-9, 1981. 419p.

STAVSSKI, N. Como usar o sal contra o percevejo-da-soja. *Globo Rural*, 97: 9-11, out./nov. 1993.

THOMPSON, R. C. M. *Trap responses of flying insects*. Academic Press Limited, 1991. 287p.

VAURIÊ, A. Uso de radifósforo ANTIPOT.32 P em estudos de dispersão de adultos de *Sphenophorus levis* (col. Curculionidae) em cultura de cana-de-açúcar. Campinas, 1978. In: CONGRESSO BRASILEIRO DE ENTOMOLOGIA, 11, set. 1987, p. 116.

YOKOYAMA, M.; FERREIRA, E. & DE CARVALHO, J. R. P. Combinação de métodos no controle de vaquinhas *Diabrotica speciosa* e *Ceratoma* sp. In: REUNIÃO NACIONAL DE PESQUISAS DE FEIJÃO. Goiânia: Embrapa/CNPAF, 1982, p. 269-70.

YONEYA, F. Armadilha sonora atrai cigarras. Suplemento Agrícola de *O Estado de S. Paulo*, 14/05/2008.